Pius Martin Maurer

DER PATRIARCH

Die Abenteuer und Ereignisse im merkwürdigen Leben des Patriarch-Erzbischofs Johann Ladislaus Pyrker.

100 Anekdoten

Be Be

ISBN 978-3-903602-47-2

www.bebeverlag.at

Pius Martin Maurer

DER PATRIARCH

Die Abenteuer und Ereignisse im merkwürdigen Leben des Patriarch-Erzbischofs Johann Ladislaus Pyrker.

100 Anekdoten

Be+Be-Verlag: Heiligenkreuz 2022
ISBN 978-3-903602-47-2

Das Titelbild zeigt, wie ein österreichischer Soldat aus der Gegend von Lilienfeld den Patriarchen Johann Ladislaus Pyrker in Venedig als seinen einstigen Waldmeister erkennt (Kap. 58)

Illustrationen: Maria Gröbl

Gefördert durch das Land Niederösterreich.

Layout: Augsten Grafik, www.augsten.at

Direkter Vertrieb: Be+Be-Verlag Heiligenkreuz
A-2532 Heiligenkreuz im Wienerwald
Tel. +43-2258-8703-400
E-Mail: bestellung@klosterladen-heiligenkreuz.at
www.klosterladen-heiligenkreuz.at

Auch erhältlich im Klosterladen des Stiftes Lilienfeld
Tel. +43-2762-52420
E-Mail: pforte@stift-lilienfeld.at

Pius Martin Maurer

DER PATRIARCH

Die Abenteuer und Ereignisse
im merkwürdigen Leben des Patriarch-
Erzbischofs Johann Ladislaus Pyrker.

100 Anekdoten

Be Be
ISBN 978-3-903602-47-2
www.bebeverlag.at

Inhalt

C. Im Stift Lilienfeld 33

DER PATRIARCH

Die Abenteuer und Ereignisse im merkwürdigen Leben
des Patriarch-Erzbischofs Johann Ladislaus Pyrker.
100 Anekdoten von Pius Martin Maurer

Zum 250. Geburtstag
und 175. Todestag
von Johann Ladislaus Pyrker

Der Patriarch von Venedig ist der höchste kirchliche Vertreter von Venedig und Venetien. Seine Kathedrale ist der Markusdom in Venedig. Der Patriarchentitel drückt die besondere Bedeutung und Würde der Stadt Venedig und ihres obersten kirchlichen Vertreters aus. Im 20. Jahrhundert sind drei Patriarchen von Venedig zum Papst gewählt worden (Pius X., Johannes XXIII., Johannes Paul I.). Der Patriarch hat das Privileg, wie ein Kardinal rot gekleidet zu gehen, auch wenn er nicht Kardinal ist.

Die meisten Patriarchen von Venedig stammten im Laufe der Geschichte des Patriarchats aus Venedig selbst, aus der Umgebung von Venedig oder zumindest aus einer der italienischen Regionen. Die Liste der Patriarchen von Venedig kann nur einen einzigen Patriarchen aufweisen, der Deutsch zu seiner Muttersprache hatte: Johann Ladislaus Pyrker (1772–1847). Er stammte aus einer tirolisch-österreichischen Familie. Er wuchs in Ungarn auf, als sein Vater bei einem ungarischen Adeligen als Verwalter diente. Nach seiner Schulzeit war Pyrker einige Monate Wanderbursche und bereiste Österreich, Italien, die Schweiz und Deutschland. Er wurde Zisterziensermönch in Lilienfeld (Niederösterreich), Abt dieser altehrwürdigen Zisterzienserabtei, Bischof von Zips in der Slowakei (1818–1820), Patriarch von Venedig (1821-1827) und Erzbischof von Erlau in Ungarn (1827-1847). Er war ein Mitbegründer des Kurortes Bad Hofgastein (Salzburg). Er betätigte sich leidenschaftlich als deutschsprachiger Dichter. Er förderte Maler, Dichter und Musiker. Er stiftete für Soldaten Häuser. Er war Mitbegründer der österreichischen Akademie der Wissenschaften. Er war Berater und Freund des österreichischen Kaisers Franz, außerdem des Wahlsteirers Erzherzog Johann.

Johann Ladislaus Pyrker hinterließ eine ausführliche Autobiographie. Vor allem in dieser Autobiographie, die er „Mein Leben“ nannte, schildert er selbst viele Anekdoten über seine Erlebnisse, die es wert sind, einem breiteren Publikum bekannt gemacht zu werden. Sie zeigen sein abenteuerliches und ereignisreiches Leben. Sie spiegeln seine Abenteuerlust, Offenheit, Emotionen, Menschlichkeit und Klugheit wider. Das Leben von Pyrker war merkwürdig im ursprünglichen Sinn des Wortes: das heißt, sein Leben mit all den vielen Ereignissen und Tätigkeiten war würdig, sich zu merken. Gleichzeitig war es durchaus etwas sonderbar, sodass auch die heutige Bedeutung des Wortes merkwürdig bei ihm passt: aufgrund der vielen bunten Abenteuer und besonderen Begegnungen mit verschiedensten Leuten seiner Zeit. Er sah seine Aufgabe vor allem darin, ein

Mann der Kultur, der Poesie und der Künste zu sein. Der christliche Glaube galt ihm in seinem Leben als eine Selbstverständlichkeit. Sein seelsorgliches Wirken stand im Dienst der Menschlichkeit und der christlichen Gebote.

Diese hier niedergeschriebenen Anekdoten stellen manchmal die wörtliche Wiedergabe der eigenen Schilderungen Pyrkers von seinen Erlebnissen und Eindrücken dar. Mitunter sind diese Anekdoten auch Zusammenfassungen seiner Worte. Manche seiner Erzählungen werden hier wie bei einem historischen Roman auch ein wenig ausgeschmückt, um sie besser zu veranschaulichen. Diese Anekdotensammlung ist keine wissenschaftliche Biographie des Patriarchen Pyrker. Sie will vielmehr nette und interessante Details aus dem Leben dieser Persönlichkeit leicht lesbar, kurzweilig und verständlich erzählen. Dennoch bleibt sie nah an der historischen Wahrheit, da sie sich vor allem an die Autobiographie Pyrkers und damit an den Zeitzeugenbericht Pyrkers hält. Freilich sind manche seiner Schilderungen und Beschreibungen subjektiv gefärbt. Dafür sind sie umso emotionaler und persönlicher geprägt. Neben dieser Autobiographie Pyrkers sind auch einzelne andere Quellenwerke in diese Anekdotensammlung eingeflossen, zum Beispiel Briefe und Berichte, die im Umkreis Pyrkers niedergeschrieben worden sind. Im Anhang sind die Literaturverweise zu den einzelnen Anekdoten angegeben. Insgesamt lassen alle diese verschiedenen Quellen, vor allem aber seine Autobiographie, das Leben eines hochtalentierten Menschen erkennen, der äußerst aktiv auftrat und in seiner Zeit vieles bewegte. Er zeigte, wie ein sehr begabter und vielfach interessierter Kirchenmann des 19. Jahrhunderts verschiedenste Bereiche der Gesellschaft im Guten förderte und unterstützte, und zwar weit über den kirchlich-religiösen Bereich hinaus.

Besonders danken möchte ich Frau Maria Gröbl für die Erstellung der Zeichnungen. Diese helfen, sich die einzelnen Erlebnisse von Johann Ladislaus Pyrker besser vorzustellen.

A. Kindheit und Jugendzeit

1. Der Besuch des Räubers

Es war zur Zeit der Herrscherin Maria Theresia. Sie regierte über die österreichischen Lande, aber auch als ungarische Königin. Viele Menschen bestellten mühsam Jahr für Jahr in den weiten Ebenen des ungarischen Königreiches die Felder, die meistens einem adeligen Herrn gehörten. Auch die Menschen im Dorf Nagy Lang lebten von der Landwirtschaft. Dieses Dorf liegt inmitten einer fruchtbaren Ebene Ungarns. Heute gehört es zur Gemeinde Soponya, nicht weit von Gran (Esztergom) entfernt, der alten Krönungsstadt der ungarischen Könige. Im Schloss von Nagy Lang wohnten damals der Graf und die Gräfin Zichy. Sie lebten in dem groß angelegten Herrensitz im Rokokostil, umgeben von einem herrlichen Park. In nächster Nähe zu diesem prächtigen Schloss befanden sich die Dienstgebäude und gewölbten Stallungen, die ebenfalls von edler Machart waren. Verwalter der Güter der Grafenfamilie Zichy war seit etwa 1770 Stephan Pircher. Seine Vorfahren stammten aus Tirol, aus der Gegend um Bozen. Einige Jahre war er Soldat im Siebenjährigen Krieg gewesen und hatte sich als Adjutant eines Barons verdient gemacht. In Nagy Lang hatte er den Posten eines Verwalters der Grafenfamilie Zichy erhalten und sich mit seiner Gattin Anna Maria niedergelassen. Mit ihr sprach er für gewöhnlich Deutsch. Sie stammte auch aus Tirol, aus Brandzoll im Etschland. Gemeinsam wohnten sie im Verwalterhaus des gräflichen Anwesens. Als Verwalter der Güter der Grafen Zichy war Stephan Pircher hoch respektiert im Ort. Als Verwalter war er oft auch tagelang unterwegs, um die Besitzungen seines Grafen zu inspizieren.

Im Jahre 1772 wurde seine Gattin Anna Maria wieder schwanger. Sie hatte ihrem Gatten bereits eine Tochter geboren. Nun war sie wieder guter Hoffnung. Ihr Gatte bemühte sich, seine schwangere Frau zu schonen, so gut es eben ging. Doch musste er sie manchmal allein zu Hause lassen. Sein Beruf verlangte Reisen zu den entlegenen Besitztümern seines Herrn.

Als Stephan Pircher gerade wieder einige Tage auswärts war, bekam seine Frau Anna Maria einen unerwarteten Besuch. Der Abend brach gerade an. Es war bereits dämmrig. Da klopfte es an der Tür des Hauses der Familie Pircher. Als der Diener öffnete, stand ein Bettelmönch da und bat um eine Herberge für eine Nacht. Diesen Gefallen wollte man dem Mann der Kirche nicht abschlagen. Als aber der Diener das Reisebündel des unbekannten Gastes von dessen Karren in das Haus hineintrug, schöpfte er einen schlimmen Verdacht. Es war ihm, als trüge er ein Reisebündel voll mit Messern, Hammer und Zangen hinein, so fühlten sich die Gegenstände an. Der Bettelmönch schien gefährliches Werkzeug in seinem Reisebündel verborgen zu halten. Der Diener führte den Bettelmönch in das Gästezimmer und trug ihm sein Reisebündel hinein. Sofort danach aber eilte der Diener zu seiner Herrin, Frau Anna Maria Pircher, und teilte ihr seinen Verdacht mit. Dieser Gast könnte möglicherweise ein Räuber sein. Daraufhin gab Frau Pircher strenge Anweisungen, zu ihrem eigenen Schutz und zum Schutz des ganzen Hauses. Sie verriegelte ihr eigenes Schlafzimmer. Der Diener begann, mit zwei Hunden vor dem Schlafzimmer seiner Herrin die ganze Nacht zu wachen. Der seltsame Gast verließ tatsächlich spät in der Nacht das Zimmer, das ihm zugewiesen war. Die Hunde sprangen auf und bellten ihn an. Er war überrascht, dass im ganzen Haus noch immer alles hell erleuchtet war. Auch dass der Diener noch nicht zur Ruhe gegangen war, wunderte ihn. Er vermutete, dass seine Absichten durchschaut waren und das ganze Haus in Alarmbereitschaft stand. Es war kurz nach Mitternacht, da verließ der seltsame Gast mit seinem Reisebündel bereits das Haus. Er müsse bereits aufbrechen, meldete er dem Diener. Er möchte weiterreisen, auch in der Nacht.

Einige Tage später wurde dieser seltsame Gast von der Polizei ergriffen. Er gestand, dass er auch im Haus des Verwalters der Grafen Zichy war. Die Polizei erfuhr, er hätte alle im Haus des Verwalters ermorden und sich dann der Kassa bemächtigen wollen. Doch die Wachsamkeit der dortigen Personen und der Hunde hinderten ihn daran.

Dieser Gefahr entronnen, gebar Anna Maria Pircher am Allerseelentag, am 2. November 1772, um 2 Uhr früh, ihr zweites Kind. Es erhielt den Namen Johannes Baptist. Insgesamt gebar sie acht Kinder. Diese verbrachten ihre ersten Jahre in unbeschwerter Atmosphäre auf dem Anwesen von Nagy Lang. Zu Hause wurde Deutsch gesprochen, in der Schule Ungarisch. Die Kinder der Familie Pircher wuchsen praktisch zweisprachig auf.

2. Vom Krampus verschleppt

Johannes verbrachte auf dem Anwesen der Grafen Zichy zusammen mit seinen sieben Geschwistern eine weitgehend unbeschwerte Kindheit. Zum Gut der Grafen Zichy gehörten auch eine große Schafzucht und ein umfangreiches Gestüt. Bereits als Kind lernte Johannes reiten.

Mit acht Jahren kam Johannes für mehrere Jahre nach Stuhlweißenburg (Székesfehérvár). Er besuchte dort die Bürgerschule und konnte bei einer deutschsprachigen Bürgersfamilie wohnen. Manchmal, vor allem am Anfang, quälte ihn das Heimweh, die Sehnsucht nach seiner Familie und nach dem Spielen und Umhertollen in den schönen Gärten auf dem Anwesen von Nagy Lang.

In seinem ersten Jahr in der Schule von Stuhlweißenburg lernte er am Abend des 5. Dezember einen Brauch kennen, dem er vorher nicht begegnet war. Der heilige Nikolaus mit goldener Mitra, mit Mantel und Bischofsstab kam zu den Schülern und teilte an sie Gaben aus. Der heilige Nikolaus in all seiner Herrlichkeit beeindruckte ihn sehr. Doch mit dem heiligen Nikolaus kam auch der Krampus. Dieser machte dem achtjährigen Johannes Angst. Diese schwarze Teufelsgestalt mit rasselnden Ketten ergriff den noch jungen Johannes und zerrte ihn unter lautem Lärm und Schreien weiterer scherzender Studenten in den Hof hinaus. Der Krampus drohte dem Kind Johannes im Scherz, ihn in den Brunnen zu werfen. Johannes zitterte am ganzen Leib. Er wusste nicht, wie ihm geschah. Er wehrte sich, schrie laut auf und weinte. Natürlich tat ihm der Krampus nichts zuleide. Doch den Achtjährigen nahm dieses Ereignis furchtbar her. Er erkrankte kurz darauf an einem langwierigen Fieber, so dass er heimkehren musste und erst nach einem halben Jahr wieder zur Schule nach Stuhlweißenburg kam.

3. Der Kindheitstraum: Soldat werden

Als Johann in Stuhlweißenburg (Székesfehérvár) bei seiner bürgerlichen Gastfamilie lebte, schaute er oft stundenlang den Soldaten beim Exerzieren zu. Gegenüber dem Haus seiner Gastfamilie stand eine Kaserne. Er wusste, dass auch sein Vater einst Soldat gewesen war. Mit seinen Freunden übte er sich in den freien

Zeiten darin, in Reih und Glied aufzumarschieren und Soldat zu spielen. In den Sommerferien baute er sich in seiner Heimat ein Zelt, auf das er eine rot-weiß-rote Fahne steckte. In diesem Zelt verbrachte er als heranwachsender Junge viel Zeit. Das, was er in der Schule im Fach Geschichte lernte, das beschäftigte seine rege Phantasie. Er versetzte sich in die Zeit der Kreuzzüge und träumte von der Eroberung Jerusalems. Auch den Kaiser Karl V. bewunderte er, weil dieser einst in Tunis christliche Sklaven befreit hatte. Johannes wollte wie die Kreuzritter den christlichen Glauben tapfer verteidigen und schwärmte von Heldentaten vergangener Zeiten.

4. Die erste Liebe

Mit 15 Jahren beendete Johann seine Schule in Stuhlweißenburg (Székesfehérvár). Er setzte in Fünfkirchen (Pécs) noch für zwei Jahre lang Studien an der philosophischen Lehranstalt fort.

Mit 15 Jahren verliebte sich Johannes in Fünfkirchen in ein Mädchen, das ein Jahr jünger war als er. Der junge Mann Johann besuchte immer wieder dieses Mädchen. Er verbrachte manche Abendstunden gemeinsam mit ihr auf der Bank sitzend vor ihrem Haus. Er sprach mit ihr über vieles, aber nicht über die Empfindungen seines Herzens. In diesem Bereich konnte er sehr schüchtern sein. Dem Mädchen, das mit ihm abends gerne zusammensaß, ging es ähnlich. Beide genossen die gemeinsamen Stunden. Beide sprachen aber die Worte ihrer gegenseitig empfundenen Liebe nicht aus. Als Johann Fünfkirchen nach dem Ende seiner Studienzeit verließ, ging die romantische Beziehung zu Ende. Viel später hörte er, diese junge Frau, die er einst geliebt hatte, habe geheiratet. Ihre Ehe soll sehr unglücklich verlaufen sein.

5. Ein armer Beamter

Als Johann mit 17 Jahren seine Schulausbildung beendet hatte, sollte er nach dem Willen seiner Eltern Beamter werden. Er selbst hätte eigentlich Berufssoldat werden wollen. Dazu ergab sich aber damals keine günstige Möglichkeit. Er befolgte daher den Rat seiner Eltern und begab sich nach Ofen (Budapest). Dort war sein Schwager, also der Gatte seiner älteren Schwester, bereits als Beamter bei der königlichen Statthalterei tätig. Johann war voll jugendlichem Elan und großer Wissbegier. Er las sehr viel, er verschlang geradezu die gängigen literarischen Werke. Er borgte sich Bücher bekannter Autoren wie Klopstock, Goethe, Lessing und Schiller aus. Er begann, sich selbst als Schriftsteller zu betätigen. Er lernte autodidaktisch Französisch. Ein italienischer Soldat brachte ihm einige Grundkenntnisse des Italienischen bei. Doch litt Johann in all dieser Zeit große Armut. Er verdiente wenig. Seine Eltern konnten ihm auch kein Geld schicken. Sein Vater war mittlerweile im Ruhestand. Sein Vater hatte viel Erspartes durch das Herborgen einer hohen Summe an einen unzuverlässigen Schuldner verloren. Eine Zeit lang durfte Johann in einer Unterkunft eines Bekannten in Ofen wohnen. Später musste er dieses Quartier räumen. Einige Zeit nächtigte er auf dem Dachboden desselben Quartiers, auf dem zu seinem Missfallen viele Fledermäuse flatterten. Als im Spätherbst 1790 die Nächte sehr kalt wurden, musste er sich ein kleines Zimmer mieten. Holz zu kaufen, konnte er sich trotz der kalten Wintertage nicht leisten. An solchen Tagen stieg sein Atem als frierender Hauch über seiner Bettdecke auf.

B. Die Italien-Reise des jungen Johann Pyrker

6. Die Begegnung mit dem Grafen aus Palermo

Inmitten seiner Armut schwor sich der junge Mann Johann, in die weite Welt hinauszuziehen. Dort wollte er sein Glück suchen. Sein ganzes Leben als Beamter zu verbringen, das konnte und wollte er sich nicht vorstellen. Eines Tages traf er in Ofen (Budapest) den Grafen Paolo d'Andreis aus Palermo. Dieser saß vor einem Kaffeehaus. Johann kam mit ihm ins Gespräch. Sie unterhielten sich bestens auf Italienisch. Der Graf machte ihm Hoffnung, ihn als Schreiber in seine Dienste zu nehmen. Ab diesem Zeitpunkt träumte Johann davon, nach Italien, ja bis nach Palermo zu reisen.

Er kündigte seinen Arbeitsplatz als Beamter im März 1792. Dann brach er nach Wien auf, er betrat erstmals in seinem Leben die österreichische Kaiser- und Residenzstadt. Als Wanderbursch kam er dort an. Mit großem Staunen durchwanderte er die Straßen und Gassen dieses Zentrums der Habsburger-Monarchie. Wenige Wochen vorher war Kaiser Leopold II. unerwartet verstorben. Seither war der 24-jährige Habsburger Franz der neue römisch-deutsche Kaiser und Herrscher über die Donaumonarchie.

Johann verkaufte in Wien alle seine Bücher, die er irgendwann erstanden hatte. Zu Fuß wanderte er dann von Wien nach Graz. Mit einem Lohnkutscher gelangte er von Graz nach Triest. Dort angekommen, konnte er nicht genug über das Meer staunen, über das ruhelose, bläuliche Wasser, das endlos vor ihm lag.

7. Der erste Aufenthalt in Venedig

Mit einer übervollen Fähre reiste der 20-jährige Johann von Triest nach Venedig. Drei Tage war die Fähre unterwegs. Widrige Winde ließen die Wellen hochgehen. Johann litt fürchterlich an der Seekrankheit. Er lag am Verdeck und fühlte sich so, als würde er sterben. Ein Franzose sprach ihm Mut zu und labte ihn mit Likör und kaltem, gebratenem Fleisch.

In Venedig angekommen, erlebte Johann diese Stadt voll von Menschen. Es fand gerade der Jahrmarkt von Venedig (Fiera di Venezia) kurz nach dem Fest Christi Himmelfahrt statt. Johann besichtigte mit einigen Reisegefährten, die er auf der Fähre kennengelernt hatte, die Sehenswürdigkeiten der Stadt. Im Dogenpalast schimpfte der Wärter hinter ihnen her, weil sie ihm zu wenig Trinkgeld gaben. Im Markusdom sahen sie die Katafalke zu Ehren des letzten venezianischen Seehelden, Angelo Emo, dessen Leichnam erst kurz zuvor nach Venedig überführt worden war. Sie besichtigten einige Privatpaläste, die Spiegel- und Glasfabriken in Murano und das Arsenal.

18 Tage hielt sich Johann in Venedig auf. Mehrmals nahm er als Zuseher an den öffentlich zugänglichen Gerichtsprozessen im Gerichtssaal (Sala del Scrutinio) des Dogenpalastes teil. Es gefiel ihm, die ausgezeichneten Redner vor den würdevollen Richtern in schwarzer Toga und weißer Perücke gegeneinander diskutieren zu sehen.

Ein Höhepunkt war es für ihn, am Fronleichnamsfest bei einer prunkvollen Prozession den Patriarchen Federico Maria Giovanelli und dahinter den Dogen Ludovico Manin mit 24 in hellroter Toga und weißer Perücke ausgestatteten Senatoren über den Markusplatz ziehen zu sehen.

Auch an einer Vorstellung im erst kürzlich zuvor eröffneten Theater Venedig (Teatro della Fenice) nahm Johann auf einem billigen Stehplatz teil. Dort erlebte er den tosenden Applaus des Publikums für die Stimme des Kastraten Gaspare Pacchierotti. Johann selbst verabscheute die damals noch übliche Praxis, junge Menschen wegen ihrer Stimme zu kastrieren. Begeisterung über die Stimmen von Kastraten konnte bei ihm nicht entstehen.

8. Der Tabaktrafikant in Neapel

Johann entschied sich, von Venedig weiter in den Süden zu fahren. Der Schiffskapitän Felice Padovano, ein älterer Herr, sollte dem jungen Johann bei dieser Reise als väterlicher Freund zur Seite stehen. In Chioggia lernte Johann die Familie dieses Schiffskapitäns Padovano kennen. Dort mit großzügiger Gastfreundschaft aufgenommen, hielt sich Johann einige Tage lang in Chioggia auf. Eine ältere Frau aus einer befreundeten Familie des Schiffskapitäns steckte Johann einen Brief zu. Sie bat ihn, diesen Brief einem bestimmten Herrn in Neapel zu überreichen, der dort mit seinem Sohn eine Tabaktrafik betrieb. Die Frau schärfte ihm ein, den Brief persönlich dem alten Trafikanten zu überreichen.

Einige Tage später in Neapel angekommen, machte sich Johann auf die Suche nach dieser Trafik. Er fand sie. Er traf auch den alten Herrn an, als dieser, bekleidet mit einem Schlafrock, gerade im hinteren Zimmer der Trafik im Großvaterstuhl saß. Der alte Herr nahm den Brief freudig entgegen. Doch plötzlich kam die beleibte Gattin des alten Herrn die Stiege herunter. Sie riss dem alten Herrn den Brief aus der Hand. Sie las ihn. Und plötzlich begann sie, ein furchtbares Donnerwetter zu machen. Sie schrie ihrem alten Gatten mit geballter Faust und blitzenden Augen bitterste Vorwürfe voll Eifersucht entgegen. Nicht nur der alte Trafikant, sondern auch Johann zog den Kopf ein. Johann fühlte sich einerseits unschuldig. Er hatte doch nur den Gefallen ausgeführt, um den ihn jene Frau in Chioggia gebeten hatte. Doch anderseits schämte er sich. Er fühlte sich mitschuldig. Wenn auch unabsichtlich, so hatte er doch durch das Überbringen dieses Briefes den Frieden jener Familie gestört. Leise machte er sich von der Trafikantenfamilie davon.

9. Der teure Gasthof in Neapel

Das letzte Stück des Weges vor Neapel hatte Johann auf dem zweirädrigen Fuhrwerk eines Lohnkutschers zurückgelegt. Um etwa 5 Uhr morgens kam er in Neapel an. Sofort umringten viele Träger das Gefährt. Johann Pyrker wählte sich einen besser gekleideten Mann aus, der ihm das Reisebündel in einen Gasthof trug. Dieser Träger erklärte redselig auf dem Weg alle Kirchen, an denen sie vorbeikamen. Er stellte ihn dem älteren Gastwirt vor. Der Träger zwinkerte dem Gastwirt schelmisch mit den Augen zu, als er ihm erklärte, dass Johann ein Deutscher sei, der noch nie in Neapel war. Als sich der Träger von Johann verabschiedete, verlangte er mehr Lohn, als ausgemacht war. Johann stritt einige Minuten mit dem Träger in italienischer Sprache. Um des Friedens willen gab Johann schließlich nach. Als Ausländer musste er sich fügen. Im Gasthof wurde Johann in ein kleines Zimmer auf einem der oberen Stockwerke geführt. Er konnte über die Dächer zahllose Türme und in der Ferne den rauchenden Vesuv sehen.

Als der Sohn des Wirtes erfuhr, dass ein Deutscher im Haus war, kam er zu ihm hinauf und trug sich ihm an, gemeinsam zu einem der eindrucksvollsten Parks von Neapel, der Villa Reale, mit herrlicher Aussicht zu gehen.

An den anderen Tagen, während seines Aufenthaltes in Neapel, besuchte Johann immer wieder die Soldaten der Hauptwache beim Schloss. Sie waren größtenteils Schweizer und Schwaben. Mit ihnen konnte er auf Deutsch reden. Manche von ihnen waren junge Männer in einem ähnlichen Alter wie er. Sie vermittelten ihm, dem einsamen Fremden in Neapel, ein wenig Heimatgefühl. Immer wieder ging er zu ihnen hin, um mit ihnen zu plaudern. Er erzählte ihnen, dass auch er einst hatte Soldat werden wollen. Sie vertrauten ihm kameradschaftlich ihre Sicht der Dinge zu Neapel an.

Als Johann nach fünf Tagen in Neapel beschloss, die Heimreise anzutreten, erbat er am Abend vor seinem Aufbruch vom Wirten die Rechnung für seinen Aufenthalt. Als er die Summe sah, erschrak er und stand verstört vor dem Wirt. Die Summe war riesengroß, machte ein Drittel des noch vorhandenen Geldes von Johann aus. Es war doch nur die Bezahlung der fünf Tage Aufenthalt in einem winzigen Zimmer und von drei Mahlzeiten. Johann Pyrker erinnerte energisch und entrüstet den Wirten, dass ein anderer Preis vereinbart war. Nun gab der Wirt etwas nach. Dennoch blieben die Kosten für diesen Aufenthalt stark überhöht. Diese schlechte Erfahrung verdunkelte sehr Johann Pyrkers Erinnerung an seinen Aufenthalt in Neapel. Dieses ärgerliche Erlebnis merkte er sich sein ganzes Leben lang.

10. Italien genießen

Der junge Johann Pyrker war ein Genießer. Er konnte sich – trotz mancher unerfreulichen Erfahrungen – daneben auch an vielen schönen Erlebnissen sehr erfreuen. Noch am Abend vor seiner Abreise von Neapel bestieg er die Höhe vom Castel Sant'Elmo. Die ganze Umgebung von Neapel lag ihm zu Füßen. Er empfand sie als entzückend schön. „Das Meer, das im goldnen Abendlicht flutete, der Vesuv mit seiner Rauchsäule, die Stadt unten, der herrliche Golf", schrieb er selbst später in seinen Aufzeichnungen über sein Leben.

Er wurde auch Zeuge der hell erleuchteten Hauptstraße Toledo in Neapel. Damals gab es nämlich noch keine Straßenbeleuchtung in Neapel. Nur auf der Hauptstraße Toledo war es hell wie am Tag aufgrund der tausenden von Kerzen und Öllampen, die die Obst- und Gemüsehändler verwendeten, um ihre Waren anzupreisen. Die Abenddämmerung und die Stunden bis nach Mitternacht erlebte Johann Pyrker als die Hauptzeit, in der in Neapel das laute Treiben der Menschen vor sich ging.

Ein anderes Mal spazierte er in einer italienischen Stadt durch die Gassen. Er hörte von mehreren Balkonen Männer, die zum Klang der Gitarre melancholische Lieder sangen. Ihm gefiel das. Weder in Ungarn noch in Österreich hatte er so etwas erlebt. Er hatte den Eindruck, die Mentalität der Menschen des Südens allmählich ein wenig zu verstehen.

11. Probleme mit dem Pass

Kurz nach seiner Abreise aus Neapel kam Johann nach Capua, das ebenfalls im Königreich Neapel-Sizilien lag. Dort hielten ihn neapolitanische Soldaten auf. Sie überprüften seinen Pass und ließen ihn völlig unerwartet festnehmen. Er wurde unter Wachbegleitung zum Palast des Kommandanten geführt. Dort erfuhr er, dass er unmöglich weiterreisen dürfe. Sein Pass habe keine Autorisierung durch den zuständigen neapolitanischen Minister. Johann musste also nach Neapel zurückkehren, um sich einen gültigen Pass zu besorgen.

In Neapel wandte er sich an den österreichischen Gesandten, Graf Nikolaus Esterházy. Mit weinenden Augen und wehmütigen Worten erzählte Pyrker dem österreichischen Gesandten sein Problem. Graf Esterházy, der zuerst ganz ernst gestimmt war, schaute Johann schließlich freundlich an und versprach ihm Hilfe. Er solle am nächsten Morgen wieder kommen. Da könne er sich einen gültigen Reisepass abholen. Er empfahl ihm, nicht über Rom heimzureisen. Die pontischen Sümpfe in der Nähe von Rom wären nämlich gerade im August ein gefährliches Ansteckungsgebiet hinsichtlich Malaria. Er solle seine Heimreise besser mit einem Schiff nach Genua beginnen. Tatsächlich bekam Johann am nächsten Tag einen gültigen Reisepass ausgehändigt. Außerdem konnte er am selben Tag mit einem spanischen Handelsschiff von Neapel Richtung Genua aufbrechen.

12. Ein kameradschaftlicher Freund in der Fremde

Als Pyrker wegen des fehlenden Reisepasses von Capua nach Neapel zurückreisen musste, gesellte sich ihm auf der Landstraße ein heimkehrender Handwerker zu. Im Gespräch erfuhr Johann, dass dieser ursprünglich aus Salzburg stammte. Vor mehreren Jahren hatte sich dieser in Neapel als Handwerker niedergelassen. Johann hatte sofort Vertrauen zu ihm entwickelt und unterhielt sich angeregt mit ihm. Der Handwerker war für Johann ein großer Trost. Er lud Johann kurz nach der Ankunft in Neapel in eine Taverne ein. Sie aßen gemeinsam eine geröstete Leber und die dort beliebten Macaroni. Sie tranken gemeinsam eine Flasche Wein.

Am nächsten Tag, als Johann den gültigen Pass von der österreichischen Gesandtschaft erhalten hatte und sich verabschieden wollte, zog sich der Salzburger sein Sonntagsgewand an und verließ für den ganzen Tag seine Werkstatt. Er half Johann, einige Lebensmittel einzukaufen, die es an Bord des Schiffes gar nicht oder nur teuer geben konnte. Sie kauften einen Korb voll frischem Salat, eine Flasche mit Essig und Öl, Salamiwürste und ein großes Stück Parmesankäse. Der Salzburger Handwerker zahlte diese Einkäufe aus eigener Tasche für Pyrker. Er begleitete Pyrker bis zum Ufer, half alles auf das Schiff zu bringen und wünschte ihm eine glückliche Fahrt und Segen für das ganze Leben. Johann war zu Tränen gerührt. Plötzlich wandte sich der Salzburger ab und ging schnell davon, vermutlich um seine Rührung, seine Tränen und sein Heimweh zu verbergen.

13. Die Faust für den Spötter

Auf dem Schiff von Neapel nach Genua befand sich auch ein junger Mann, der etwa fünf oder sechs Jahre älter als Johann Pyrker war. Er war aus Wien, hatte aber Verwandte in Italien. Das Gesicht dieses Signor Giacomo, wie er genannt wurde, war voll von Pockennarben. Er trug einen verschlissenen Anzug. Er saß oft Johann Pyrker gegenüber und machte sich zunächst häufig über Pyrker lustig. Von Anfang an spürte Johann Pyrker eine große Abneigung gegen die hämische Art dieses Herrn. Signor Giacomo spöttelte über den Eifer, mit dem Pyrker in Büchern las. Er spottete über die Kleidung von Johann Pyrker. Er machte sich auch über den Zopf, den Johann Pyrker nach der damaligen Mode trug, lustig. Die Matrosen, die ihm zuhörten, lachten über die spöttischen Aussagen des Signor Giacomo immer wieder laut auf. Johann Pyrker achtete zunächst auf den Spott nicht und tat, als würde er ihn nicht hören. Einmal kam Signor Giacomo dem Johann Pyrker sehr nahe. Er zog ihm das Buch aus den Händen und rief: „O, der Tasso?“. Dann fuhr er lachend fort: „Sind Sie vielleicht gar ein Poet?“ Er warf dem Johann Pyrker das Buch in den Schoß zurück und ging pfeifend weiter. Er sekkierte aber nicht nur Pyrker, sondern auch andere Schiffspassagiere. Mehrmals riss er den Matrosen die Mütze vom Kopf und setzte sie sich auf oder hängte sie auf einer Segelstange auf. Eines Morgens ging Johann Pyrker voll trüber Gedanken wegen seiner eigenen ungewissen Situation auf dem Verdeck auf und ab. Signor Giacomo begann, ihn nachzuäffen. Plötzlich geriet Johann Pyrker in heftigen Zorn. Er hielt dem Signor Giacomo drohend die geballte Faust hin und sagte: „Ich bin der Sohn eines Soldaten. Ich habe gelernt, Gegner niederzumachen. Solltest du mich weiterhin sekkieren, werde ich dich an der Brust packen und über Bord werfen“. Das half. Von diesem Zeitpunkt an respektierte Signor Giacomo den Johann Pyrker.

14. Die Begegnung mit algerischen Piraten

Es war gegen Mitternacht, als plötzlich auf dem Schiff zwischen Neapel und Genua gemeldet wurde: „Algerische Piraten in Sicht!“ Die Matrosen stellten verzweifelt fest, dass diese Piraten Jagd machten auf ihr Schiff. Die Matrosen waren ratlos. Sie rangen mit den Händen und jammerten laut. Der Passagier Johann Pyrker dagegen blieb ganz ruhig. Er rief den Matrosen zu, sich doch zu verteidigen. Sie sollten die Schiffshacken ergreifen und die Gegner, sollten sie wirklich herüberspringen, damit durchbohren. Sie sollten Kanonen gegen die Piraten abfeuern. Doch es geschah nichts. Gott sei Dank kam ein starker Ostwind auf. Der Ostwind trieb ihr Schiff weit weg vom Schiff der Piraten. Am nächsten Morgen war die Gefahr vorbei. Pyrker hatte durch diese Episode unter den Matrosen sehr an Achtung gewonnen. Sie sagten über ihn: „Il Signor Giovanni ha molto coraggio“. „Der Herr Johann hat sehr viel Mut“. Sie luden ihn zu einem genüsslichen Mittagessen in ihrer Runde ein.

15. Ein fürchterlicher Gewittersturm auf dem Meer

Das Schiff, das Johann Pyrker von Neapel nach Genua brachte, war bereits sechs Tage unterwegs. Plötzlich brach auf der Höhe von Livorno ein furchtbares Unwetter los. Die Matrosen behaupteten, so etwas seit vielen Jahren nicht erlebt zu haben. Immer wieder ergossen sich die wogenden Wasser über das Schiffsverdeck hinweg. Wie Wände erhoben sich die Wasser, um über das Schiff hereinzubrechen. Johann Pyrker stürzte von seiner Hängematte auf den Verdeckboden herab. Er versuchte, sich einigermaßen in Sicherheit zu bringen. Der Gewittersturm dauerte die ganze Nacht. Alle mussten sich gut festhalten. Als das Schiff am Morgen Genua erreichte, war der Sturm vorbei.

16. Betrogen von einem Reisegefährten

Von Genua reiste Johann Pyrker zu Fuß Richtung Norden. Er hatte kaum noch Geld. Er war fast mittellos. Mit dem wenigen Geld, das er noch hatte, musste er nun streng haushalten. Da traf er plötzlich Signor Giacomo, den Wiener, den er am Schiff nach Genua kennen gelernt und dessen Respekt er sich mit seiner Faust verschafft hatte. Signor Giacomo lud Johann zu einem ausgiebigen Essen und süßem Wein in einem Gasthaus ein. Er lachte, stichelte und erzählte ihm viele Geschichten voll Lügen. Johann Pyrker war aber müde. Die Wanderung, die drückende Hitze und dazu der süße Wein hatten ihn müde gemacht. Während Signor Giacomo ununterbrochen redete, wurde Pyrker schläfrig, legte seine Arme auf den Tisch, senkte den Kopf auf die Arme und nickte ein. Als er aufwachte, war Signor Giacomo nicht mehr da. Pyrker erkundigte sich beim Wirten und erfuhr, Signor Giacomo sei bereits abgereist. Der Wirt sagte aber, Signor Giacomo hätte wegen der Bezahlung auf Pyrker verwiesen. Johann Pyrker konnte das im ersten Moment nicht glauben. Er wehrte sich und protestierte dagegen. Das half aber alles nichts. Johann Pyrker musste dem Wirt für das ausgiebige Mahl jenes Abends mit dem teuren Wein für zwei Personen fast all sein letztes Geld hergeben.

17. Das letzte Geldstück

Sobald Johann Pyrker zu Fuß in Arona am Lago Maggiore angekommen war, versuchte er, ein Schiff nach Locarno zu finden. Er erfuhr, dass eine piemontesische Dame gegen Abend ein Schiff Richtung Locarno gemietet hatte. Dem Johann Pyrker wurde signalisiert, er könne auf diesem Schiff mitfahren, wenn er dem diensthabenden Offizier ein großes Stück Geld in die Hand drücke. Das machte Johann Pyrker auch. Er gab dem Offizier sein allerletztes Geldstück. Daraufhin konnte er auf das Schiff steigen. Er schlief bald darauf am Schiff ein.

Am nächsten Tag gegen Mittag fuhr das Schiff ans Ufer. Die feine Gesellschaft am Schiff stieg aus, um in einem Gasthof Speis und Trank zu sich zu nehmen. Niemand beachtete Johann Pyrker, der ganz zurückgezogen und düster schweigend auf dem Schiff mitgefahren war. Während des Mittagessens der feinen

Gesellschaft im Gasthof am Ufer des Lago Maggiore saß er ganz allein draußen auf einem Felsenriff und starrte auf den Wellengang des Sees. Er fühlte sich der Verzweiflung nahe: mittellos, fern von der Heimat, ohne Freunde. Wie sollte das alles weitergehen? Nach der Mittagsstunde bestieg er das Schiff wieder, freilich mit leerem Magen. Das Schiff fuhr wieder weiter und brachte die feine Gesellschaft, aber auch ihn, nach Locarno. Als das Schiff dort ankam, gestand er den Schiffsleuten, dass er kein Geld habe. Er erzählte ihnen voll Scham und betrübt von seiner misslichen Lage. Er bot ihnen seine Wäsche an, das einzige, das er in seinem Reisebündel noch mit sich hatte. Die Schiffsleute zeigten Verständnis für ihn. Sie nahmen nur ein weißes Sacktuch und gaben ihm dafür sogar Geld. Sie vermittelten ihm damit, dass sie ihm kein Almosen, sondern einen Kaufpreis gaben. Das richtete den verzweifelten jungen Mann wieder ein wenig auf. Ja, er fühlte sich so, als hätte ihm jemand einen großen Schatz gegeben. Mit erleichtertem Herzen machte er sich auf, um gegen Norden zu wandern. Von Locarno ging er Richtung Kleinen Sankt Bernhard zu Fuß.

18. Die Wanderung über den Kleinen Sankt Bernhard

Nach zwei Tagen Fußmarsch waren die Fersen und Sohlen von Johann Pyrker bereits wund geworden. Ab und zu zog er die Schuhe aus und hielt die Füße in einen Bach. Das tat ihm gut. Nun machte er sich auf, den Kleinen Sankt Bernhard zu besteigen. Zur Mittagszeit erreichte er das Hospiz, das von Ordensleuten betreut wurde. Das Leben von Ordensleuten war ihm so fremd, dass er es nicht wagte, dort anzuklopfen und um eine Stärkung zu bitten. Er löschte an einer nahen Quelle seinen Durst. Er setzte sich in einer Entfernung von den Klostermauern unter einem schattigen Baum nieder und aß schwarzes Brot und Überreste vom trockenen Käse, den er noch aus Neapel hatte.

Beim Hinuntersteigen kam er bei einem Alpenhirten vorbei. Dieser lud ihn in seine Hütte ein. Johann Pyrker erhielt dort reichlich Käse, Butter und frische Milch. Johann erzählte dem Senner seine Abenteuer in Italien. Sie unterhielten sich lange und angeregt. Der Senner meinte, dass sich die Eltern von Johann bestimmt Sorgen um ihren Sohn machten. Er trug Johann Pyrker auf, seinen

Eltern vom Senner am Kleinen Sankt Bernhard Grüße auszurichten und ihnen zu sagen, dass der Senner vom Kleinen Sankt Bernhard ihren Sohn großzügig bewirtet hat.

19. Der gute schwäbische Fuhrknecht

Johann Pyrker wanderte zu Fuß bis nach Chur. Müde wie er aussah, bekam er die Möglichkeit, gratis mit einem Postfahrzeug bis zum Bodensee mitzufahren. Der Postwagen selbst war zwar mit Reisenden ganz besetzt, aber auf dem nachfolgenden Frachtwagen war neben dem Fuhrknecht noch ein Platz frei. Dieser Fuhrknecht war ein junger, heiterer, gutmütiger Schwabe. Zur Mittagszeit in Feldkirch hielt das Fuhrwerk für eine Mittagspause an. Die Reisenden konnten

in einem Gasthaus einkehren. Die Pferde wurden getränkt und gefüttert. Nur Johann hungerte und ging außen am Gasthaus vorbei. Er hatte kein Geld. Er wollte auch nicht betteln. Vor dem Fenster eines Bäckers schaute er begierig auf das Brotgebäck, doch konnte er es sich unmöglich leisten. Als er wieder zum Wagen kam, fragte ihn der Fuhrknecht, wo er denn zu Mittag gegessen hätte. Johann zuckte die Achseln und schilderte ihm kurz seine Lage. Da erschrak der Fuhrknecht. Er machte dem Johann Vorwürfe, warum er ihm seine ärmliche Situation nicht vorher schon erzählt habe. Die Reise musste aber nach der Mittagspause weitergehen. Als sie am Abend in der Herberge ankamen, achtete der Fuhrknecht gewissenhaft, dass auch Johann seinen Hunger stillte. Der Fuhrknecht bestellte in der Herberge für sich und für Johann ein reichliches Abendessen. Er lud den mittellosen Pyrker großzügig ein. Als am nächsten Tag die Fahrt weiterging und sie schließlich in Rorschach ankamen, zahlte der schwäbische Fuhrknecht unaufgefordert für Johann den Schifferlohn für die Überfahrt nach Lindau. Und er steckte Pyrker einen Taler in die Westentasche für weitere Ausgaben zu. Pyrker wollte den Taler nicht annehmen, aus Bescheidenheit. Doch der Fuhrknecht ließ sich nicht abweisen, er steckte ihm den Taler mit Gewalt in die Tasche hinein. Sie waren Freunde geworden auf dieser Reise. Beide weinten, als sie einander zum Abschied die Hände reichten.

20. Von Ulm nach Wien

Pyrker wanderte zu Fuß von Lindau nach Ulm. Dort erreichte er zu seinem großen Glück eine Stunde vor Abfahrt das Linienschiff, das einmal wöchentlich der Donau entlang von Ulm nach Wien fuhr. Dem Eigentümer des Schiffes versprach er, dass er in Wien von einem Bekannten genug Geld erhalten werde, um die Schiffsfahrt zu bezahlen. Der Eigentümer vertraute auf die flehende Zusicherung des jungen Pyrker. Zehn Tage dauerte die Fahrt. Anfang September kam Johann in Wien an. Tatsächlich konnte sich Pyrker bei seiner Ankunft in Wien von einem guten Bekannten die Summe ausborgen, die die Schiffsfahrt gekostet hatte. Pyrker bezahlte die Summe dem Eigentümer des Schiffes. Nun machte er sich auf zu seinen Eltern. Sie erkannten Pyrker kaum, da er sich auf seiner Italien-Reise verändert hatte. Seine Gesichtsfarbe war ziemlich gebräunt. Außerdem war er sehr abgemagert.

C. Im Stift Lilienfeld

21. Der Eintritt ins Kloster

Eigentlich wollte Johann Pyrker Soldat werden. Ihm war einst von einem General eine Stelle in einem Dragonerregiment zugesagt worden. Diese Zusage war aber nicht mehr aktuell. Derselbe General konnte ihm mittlerweile nur mehr eine Stelle in einem ungarischen Militärdepot in Aussicht stellen. Das sagte Johann Pyrker überhaupt nicht zu.

Eines Tages traf er sich mit dem Musiker Wenzel Ignaz Raphael, den er von Budapest her kannte. Wenzel Ignaz Raphael war einst ein schlecht bezahlter Dirigent im Theaterorchester von Ofen (Budapest) gewesen. In Wien hatte er die Stelle eines kaiserlichen Beamten bekommen. Mit diesem Herrn Raphael hatte sich Johann Pyrker nun in Wien immer wieder getroffen. Dieser barg ein besonderes Geheimnis, das er manchen seiner Freunden auch preisgab: Er war einst Mönch gewesen, Zisterziensermönch, im südböhmischen Stift Hohenfurt. Als unter Kaiser Josef II. die Aufhebung des Klosters drohte, packte ihn die Angst, und er ging von Hohenfurt weg. Später hatte er es bereut. An manchen Tagen dachte er mit Wehmut an die Hohenfurter Zeit. Soldat zu werden, davon riet Herr Raphael dem Johann Pyrker entschieden ab. Die Türkenkriege seien ohnehin schon beendet. Ein Held im Krieg zu werden, dafür wäre jetzt die Zeit endgültig vorbei. Herr Raphael riet dem Johann Pyrker etwas ganz anderes: wenn er sich für Bücher und klassische Literatur interessiere, sollte er in ein Stift eintreten. Herr Raphael nannte ihm das Stift Lilienfeld. Er beschrieb ihm die Schönheit des dortigen Stiftes und stellte ihm ein Empfehlungsschreiben für den freundlichen Abt Ignaz von Lilienfeld aus.

Doch nach diesem Gespräch konnte Johann einige Nächte nicht schlafen. Herr Raphael riet dem Johann Pyrker, sich einfach im Lilienfelderhof vorzustellen. Der Lilienfelderhof war ein Palais des Stiftes Lilienfeld mitten in Wien, in der Weihburggasse, nicht weit weg vom Stephansdom entfernt. Johann Pyrker wandte sich schließlich an den Verwalter des Wiener Lilienfelderhofs. Dieser hörte Johann Pyrker wohlwollend an. Er sagte ihm schließlich, dass der Musiklehrer der

Lilienfelder Knabenschule, Joseph Alt, gerade in Wien sei. Er könne zusammen mit ihm per Kutsche ins Stift Lilienfeld fahren. Und so kam es auch. Die Fahrt von Wien nach Lilienfeld dauerte 10 Stunden. Joseph Alt war ein heiterer Reisegefährte, mit dem sich Johann Pyrker angeregt unterhielt. Sie fuhren die ganze Nacht und kamen am 8. Oktober, einem Sonntag, im Stift Lilienfeld an. Beim ersten Anblick von Lilienfeld erinnerte die Landschaft den jungen Johann Pyrker an Tirol, wie es ihm von seinen Eltern geschildert worden war: ein Tal umgeben von mehreren Bergen. Trotz dieser schönen alpinen Landschaft hatte er ein sehr beklommenes Gefühl. Das im Sonnenlicht strahlende Turmkreuz der Lilienfelder Stiftskirche stimmte ihn sehr ernst. Joseph Alt führte Johann durch einige Räume des Stiftes, das einen gewaltigen, aber auch unheimlichen Eindruck auf ihn machte. Der Lehrer Joseph Alt nahm Johann Pyrker auch zum Mittagessen in das Refektorium mit, wo er einen Platz neben diesem bekam. Nach dem Mittagessen empfing Abt Ignaz den jungen Johann Pyrker persönlich in der Prälatur. Aufgeregt überreichte Johann Pyrker dem Abt den Empfehlungsbrief von Herrn Raphael. Johann Pyrker machte den Eindruck eines wohlerzogenen, anständigen jungen Mannes auf den Abt. Dieser las den Brief durch und blickte Johann Pyrker dabei einige Male freundlich an. Er ermutigte ihn mit einigen gütigen Worten und deutete ihm die Erlaubnis zum Klostereintritt an.

22. Ausbildung im alpinen Kloster Lilienfeld und in St. Pölten

Das Stift Lilienfeld liegt im nördlichen Alpenvorland. Am 18. Oktober 1792 erhielt hier Johann Pyrker den Novizenhabit und seinen Ordensnamen Ladislaus. Erst drei Monate nach seinem Eintritt informierte er seine Eltern per Brief davon. Diese waren darüber am Anfang sehr überrascht und betroffen. Weil sie in der Folge sahen, dass er sehr zufrieden mit dieser Entscheidung war, fanden sie sich damit beruhigt ab.

Während des Noviziates widmete er sich dem regelmäßigen Chorgebet, den geistlichen Studien, aber auch der Lektüre der lateinischen Klassiker. In den Nachmittagsstunden las er Cicero, Livius, Sallust, Tacitus, Terenz und Virgil. Das erste Mal in seinem Leben las er die ganze Bibel durch. Eine ganz neue Welt ging ihm dabei auf. Der Musiklehrer Joseph Alt förderte sein musikalisches Interesse und seine Kunst, die Klarinette zu spielen. Das ganze Probejahr in stiller Abgeschiedenheit wirkte nach den überstandenen Turbulenzen der letzten drei Jahre sehr wohltuend auf ihn. Um für die Seelsorge im Gebirge vorbereitet zu werden, war es im Stift Lilienfeld üblich, dass sich die Novizen im Bergsteigen übten und an manchen Tagen die steilsten Höhen erklommen. Der Naturliebhaber Pyrker tat das mit großer Freude.

Das Theologiestudium absolvierte Frater Ladislaus Pyrker im bischöflichen Priesterseminar St. Pölten. Besonders das Bibelstudium interessierte ihn. Neben dem Studium widmete er sich intensiv dem Erlernen der französischen und der englischen Sprache. Bald las er Werke von Milton und Shakespeare im Original.

23. Die Legende von der algerischen Sklaverei

Als Johann Pyrker in seiner Jugend mit dem Schiff von Neapel nach Genua fuhr, war unter seinen Reisegefährten ein Wiener, den alle am Schiff Signor Giacomo nannten. Er war ein frecher Kerl, der gerne Lügen erzählte und seine Zeitgenossen neckte oder betrog. Der junge Johann Pyrker verschaffte sich Respekt bei ihm durch die Androhung seiner Faust (siehe Nr. 13).

Dieser Signor Giacomo schnitt am Schiff gerne mit einer Geschichte auf, die er immer wieder erzählte. Niemand aber glaubte sie ihm. Er erzählte, er selbst sei etwa ein Jahr zuvor auf einem Schiff Richtung Messina von algerischen Piraten entführt und in eine kleine Stadt in der Nähe von Algier an einen algerischen Kaufmann als Sklave verkauft worden. Er wäre sehr grausam behandelt worden. Er wäre zusammen mit einem Ochsen vor den Pflug gespannt worden und hätte auf diese Weise beim Pflügen der Felder mithelfen müssen. Nach einigen Monaten hätte er einen Kapuzinerpater getroffen. Dieser habe ihm geholfen, sich zu befreien und auf einem spanischen Handelsschiff zu verstecken. Auf diese Weise sei er der Sklaverei entkommen.

Diesen Signor Giacomo traf der junge Johann Pyrker in Wien wieder. Johann Pyrker wollte beim Wiedersehen mit ihm in Wien zunächst eine Abrechnung begleichen. Schließlich hatte dieser Signor Giacomo den jungen Johann Pyrker auf der Reise um eine Rechnung in einem Gasthaus geprellt (siehe Nr. 16). Signor Giacomo erklärte aber lachend, er habe ihn nur zum Spaß betrogen. Johann Pyrker, der sich gerade mit dem Gedanken trug, Geistlicher zu werden, verzieh dem Signor Giacomo den Betrug, kam mit ihm ins Gespräch und verriet ihm schließlich, dass er möglicherweise ins Stift Lilienfeld eintrete. Signor Giacomo hielt das für eine hervorragende Idee und erzählte dem Johann Pyrker, er kenne den Verwalter des Wiener Lilienfelderhofes gut. Dieser sei ein Freund seiner Familie und sein eigener Taufpate.

Einige Tage später, als Johann Pyrker sich im Lilienfelderhof vorstellte, teilte ihm der Verwalter des Lilienfelderhofes mit, er wisse bereits über sein Kommen. Der Signor Giacomo habe alles über ihn erzählt. Der Verwalter des Lilienfelderhofes erwähnte auch, er wisse bereits von Signor Giacomo, dass er, Johann Pyrker, in Italien von algerischen Piraten entführt worden sei. Auf einem algerischen Sklavenmarkt sei er von einem reichen Algerier gekauft worden, der ihn, Johann Pyrker, dann als Sklaven mehrere Monate grausam behandelt hätte. Nur durch die Hilfe eines Kapuzinerpaters sei ihm, Johann Pyrker, eine abenteuerliche Flucht von seiner monatelangen Sklaverei gelungen. Johann Pyrker verstand sofort, dass Signor Giacomo sein eigenes Märchen nun auf Johann Pyrker übertragen hatte. Pyrker erklärte, diese Geschichte sei nicht wahr, sie sei ein Märchen. Doch der Verwalter des Lilienfelderhofes meinte, er wisse bereits von Signor Giacomo, dass er, Pyrker, die ganze Geschichte abstreiten würde. Dieses Erlebnis sei aber keine Schande, sondern eigentlich eine gute Empfehlung. Er habe auch bereits schriftlich den Prälaten von Lilienfeld davon in Kenntnis gesetzt, ihm aber auch mitgeteilt, dass der Kandidat Johann Pyrker nicht gerne davon spreche.

Als der junge Johann Pyrker im Stift Lilienfeld dem Abt Ignatius vorgestellt wurde, erfuhr der Abt diese Geschichte von der algerischen Gefangenschaft aus dem Brief des Verwalters des Lilienfelderhofes. Der Abt erwähnte diese Geschichte aber im Gespräch mit Pyrker in keinem Wort. Dafür war der Novizenmeister daran umso interessierter. Johann Pyrker betonte, dass diese Geschichte von jenem Reisegefährten Giacomo von vorn bis hinten erfunden sei. Aber Johann Pyrker erntete damit meistens nur ein ungläubiges Lächeln.

Diese Sache hatte für Pyrker aber auch einen positiven Effekt. Er war nämlich in das Stift Lilienfeld ohne Dokumente gekommen. Er hatte sich ja erst kürzlich für den Weg als Ordensmann entschieden. Seine Dokumente aus Ungarn hatte er nicht dabei. Normalerweise hätte er im Stift Lilienfeld ohne diese Dokumente nicht eingekleidet werden können. Doch die Geschichte von seiner algerischen Gefangenschaft, die hinter seinem Rücken weitergetragen und bestaunt wurde, verschaffte ihm hohe Anerkennung. Er erhielt den Novizenhabit auch ohne das Vorzeigen seiner Dokumente bereits nach einer Woche Aufenthalt im Stift.

Auch während seines Theologiestudiums in St. Pölten plauderten seine Mitbrüder gerne hinter seinem Rücken über seine angebliche algerische Gefangenschaft. Im Priesterseminar saßen oft nach dem Abendessen die etwa 60 Theologiestudenten im Billardzimmer zusammen. Dort stand auch ein Violoncello, das zum Musizieren einlud. Einige Male wurden in diesen gemeinsamen Stunden Lieder laut und munter gesungen, von denen einige auch der Lilienfelder Frater Ladislaus Pyrker komponiert oder gedichtet hatte. Manchmal wurden auch scherzhafte Erzählungen zum Besten gegeben. Eines Abends hörte Frater Ladislaus zu seinem großen Erstaunen durch einen Mitstudenten die Erzählung von seiner angeblichen algerischen Gefangenschaft. Er hatte es mittlerweile aufgegeben, die Unwahrheit dieser Erzählung zu betonen. „Gewiss, ich habe in meinem Leben viel ausgestanden!“, antwortete er nun, wenn ihn jemand bat, über die Zeit seiner Sklaverei in Algerien zu erzählen. Er vermied es, näher darauf einzugehen.

24. Der Waldmeister, Naturliebhaber und Jäger

Nach seiner Priesterweihe 1796 wirkte Pater Ladislaus Pyrker zunächst in der Pfarre Lilienfeld rund um sein Kloster herum. Neben seinen seelsorglichen Aufgaben in Lilienfeld blieb ihm vor allem am Abend auch viel Zeit zum privaten Studium. Er wollte Professor für Bibelwissenschaft werden. Damals grassierte der Typhus im einfachen Volk und rang Leute jeden Alters nieder. Als der junge Pater Ladislaus Kranken die Sakramente spendete, steckte er sich eines Tages selbst mit Typhus an. Hohes Fieber zwang ihn, das Bett zu hüten. Mehrere Wochen war er dem Tod näher als dem Leben. Endlich genas er, doch blieb er noch lange geschwächt. Sein Abt erschrak, als er den jungen Pater Ladislaus nach überstandener Krankheit zu sehen bekam: schwach und blass, so schmal wie ein Gerippe. Er trug dem Pater Ladislaus auf, viel Zeit in der freien Natur zu verbringen. Bewegung im Freien tue ihm gut. Um Pater Ladislaus zu häufigen Aufenthalten in der Natur zu bringen, ernannte er ihn zum Ökonomiedirektor

MG

und Waldmeister. Pater Ladislaus war darüber zunächst gar nicht erfreut. Er war eher interessiert am Studieren und Lesen. Im Gehorsam nahm er aber seine neuen Ämter an. Er erhielt ein Reitpferd und begann, die ausgedehnten Wälder des Stiftes zu durchstreifen.

Bald schon genoss er es, die weitläufigen Forstreviere zu Pferd und zu Fuß zu erkunden. Manchmal erklomm er die Alpenhöhen, manchmal durchzog er dunkle, vom Wind bewegte Wälder. Er lauschte den rauschenden Wildbächen und den brausenden Wasserfällen. Er legte sich in die Wiese und schaute stundenlang zum blauen Himmel empor. Er horchte auf die regen, geheimnisvollen Stimmen der Natur und begeisterte sich an der unaussprechlichen Fülle der Schöpfung.

Aber auch an Jagden nahm er immer wieder teil. Er hielt sich selbst nicht für einen leidenschaftlichen Jäger, nahm aber jedes Jahr gern an den Hauptjagden teil. Im August gab er als Waldmeister Unterhaltungsjagden auf Hirsche und Füchse, zu denen die Jagd-Liebhaber der Umgebung kamen. Auch in den Abendstunden ging er oft in einem der vielen Täler mit seinem Jagdburschen auf den Anstand, um die Hirsche zu beobachten. Der Aufenthalt in der Natur begeisterte ihn. Oft ging dabei viel Zeit vorbei.

25. Entdecker einer Quelle am Berg

Der Waldmeister Pater Ladislaus nahm sich fest vor, die stark vernachlässigte Almwirtschaft an den steilen Wiesen rund um das Kloster Lilienfeld wieder aufleben zu lassen. Er setzte sich für die Heranzüchtung vieler Rinder ein. Er ließ sie vom Frühjahr bis in den Herbst auf den Weiden des Stiftes grasen. Sie sollten gutes Futter bekommen und sich gut entwickeln können. Bald war er überzeugt, dass das Stift Lilienfeld die schönsten Rinder Österreichs habe. Immer wieder stieg Pater Ladislaus den kürzesten Weg durch enge Waldschluchten die Almen hinauf und hinunter, um für sein Vieh zu sorgen. Auf den Lilienfelder Almen des Muckenkogel wuchs wunderbares Futter. Allerdings war damals noch keine Quelle entdeckt. Nur das in Teichen gesammelte Regenwasser diente den weidenden Rindern zur Stillung ihres Durstes. Pater Ladislaus gab nicht auf, nach einer Quelle zu suchen. Endlich fand er etwas unterhalb der Weideplätze an der östlichen Bergseite auf der sogenannten Klosteralm tatsächlich eine Quelle. Groß war seine Freude darüber. Er ließ das Wasser fassen. Seither blühte die Almwirtschaft dort richtig auf.

26. Der lebensgefährliche Ausritt

Eines Tages ritt Pater Ladislaus Pyrker mit seinem Pferd Richtung Anzbach aus. Dieser Ort liegt etwa 50 Kilometer nordwestlich von Lilienfeld entfernt. Pater Ladislaus wollte in Anzbach mit zwei Mitbrüdern einen schönen gemeinsamen freien Tag verbringen. Er brach nach dem Mittagessen mit seinem Pferd vom Stift Lilienfeld auf. Er ritt über das Gölsental und dann weiter nach Norden. Er wollte über die Berge reiten und am Abend in Neulengbach sein. Sein Ritt zog sich aber hin. Die Dämmerung brach allmählich herein. Er erreichte einen einsam gelegenen Bauernhof. Dort fragte er nach dem Weg. Er erfuhr, dass er bei der letzten Weggabelung den rechten Weg hätte nehmen sollen. Die guten Bauersleute wiesen ihm eine Abkürzung, die ihn schnell wieder zum richtigen Weg zurückführen würde. Er wählte diesen Weg, wie er ihm beschrieben worden war und ritt trotz zunehmender Dunkelheit auf seinem Pferd geduldig weiter. Da vernahm er das Rauschen eines Gebirgsbaches. Umso näher er den Weidenbäumen kam, desto lauter wurde dieses Rauschen des Wassers. Das Pferd hielt öfter still, wich etwas zurück und schnaubte. Aus diesem Grund stieg Pater Ladislaus vom Pferd ab. Da entdeckte er, dass er und sein Pferd sich am Uferrand eines mehrere Meter tiefen Abgrundes zu einem Gebirgsbach befanden. Er beschloss, das Pferd am Zügel langsam weiterzuführen. Er wusste nicht mehr, wo er sich befand, und wie weit er von der nächsten Siedlung entfernt war. Er wusste nur, dass sein Weg lebensgefährlich war. Da hörte er plötzlich Hundegebell und ein paar Männerstimmen. Pater Ladislaus schrie aus vollem Hals um Hilfe. Die Männer riefen, was denn los sei. Schließlich sahen sie ihn und stiegen über einen schmalen Steg zu ihm herüber. Er stellte sich ihnen als ein Pater vom Stift Lilienfeld vor. Sie kamen aus ihrer Verwunderung über seinen Irrgang in diese Wildnis nicht heraus. Sie erklärten ihm, der einzige Ausweg, aus diesem unzugänglichen Waldstück herauszukommen, sei es, über den schmalen Steg zu wandern. Pater Ladislaus getraute sich nicht mehr, das Pferd selbst über den schmalen Steg zu führen. Er vertraute sein Pferd einem der Männer an, den

er dafür reichlich entlohnte. Am Abend erreichte Pyrker mit seinem Pferd den Gasthof in Neulengbach, wo er nächtigte. Am nächsten Tag konnte er seinen Mitbrüdern nicht genug davon erzählen, was er auf seiner abenteuerlichen Reise erlebt hatte. Nach einigen vergnüglichen Stunden kehrte er auf einem sichereren Weg wieder in das Stift Lilienfeld zurück.

27. Die Leidenschaft für das Dichten und Schreiben

Trotz mancher Verpflichtungen als Seelsorger und Waldmeister widmete sich Pater Ladislaus Pyrker weiterhin mit großem Eifer der Literatur und der Bildung. In den einsamen Abendstunden und meistens bis tief in die Nacht oblag er seinen Studien. In der Stiftsbibliothek fand er viele literarische Werke, die er geradezu verschlang. Und schließlich fasste er den Entschluss: auch er wolle Schriftsteller werden. Er werde sich an einem Epos versuchen. Schon immer interessierte er sich für die historischen Ereignisse rund um die Eroberung von Tunis durch Kaiser Karl den Fünften. Nun begann er, ein Epos darüber zu verfassen. Er vertiefte sich dazu in manche Geschichtswerke über Karl den Fünften und dessen Zeit. Gleichzeitig studierte er die Metrik und den Versbau der deutschen Poesie. Er entschied sich, den Hexameter als Versmaß zu verwenden. Und all das machte er als eifriger Autodidakt. Früchte seiner Dichter-Leidenschaft stellten sich nicht nur in seiner Zeit als Jungpriester ein. Er blieb sein Leben lang ein leidenschaftlicher Dichter. In den „Tunisias" verherrlichte er Karl den Fünften mit dessen Eroberung von Tunis. In den „Perlen der heiligen Vorzeit" besang er zahlreiche alttestamentliche Personen. Im Epos „Rudolph von Habsburg" beschrieb er den ersten Habsburger-König als bedeutende Heldengestalt. Die „Lieder der Sehnsucht nach den Alpen" sind mit Heimweh aus der Ferne geschrieben. Sie sind voll Bewunderung für die alpine Landschaft.

28. Der Retter vom Markt Türnitz

Pater Ladislaus Pyrker war seit Juli 1807 Pfarrer in der Marktgemeinde Türnitz. Als französische Soldaten unter Kaiser Napoleon auch das Traisental besetzten, kehrten viel Trauer und Angst bei den Menschen im Traisental ein. Napoleons Soldaten plünderten immer wieder Häuser und Höfe. Manche einheimischen Leute wehrten sich. Einige Bauern aus Türnitz erschossen zwei plündernde französische Soldaten. Einen dritten verletzten sie schwer. Der französische General André Adrien Joseph de La Bruyère wurde sehr zornig, als er vom Mord an den französischen Soldaten hörte. Er gab seinen Soldaten den Befehl, Türnitz niederzubrennen. Er hatte den Befehl bereits erteilt, da eilte der Türnitzer Pfarrer Pater Ladislaus bestürzt zum General und bat ihn mit gefalteten Händen um Verzeihung. Der General aber war wütend. Er wandte dem Pater Ladislaus zornig den Rücken zu und ging auf sein Zimmer. Pater Ladislaus kam ansonsten mit dem General gut aus. Er hatte sich schon öfter lang mit ihm auf Französisch unterhalten. Pater Ladislaus folgte dem erzürnten General auf dessen Zimmer und bestürmte ihn mit Bitten. Pater Ladislaus verbürgte sich für seine Leute. Die französischen Soldaten könnten ihn töten, sollte ein Türnitzer Bauer es noch einmal wagen, einen französischen Soldaten zu ermorden. Daraufhin gab der General den Befehl, das Niederbrennen der Häuser von Türnitz zu stoppen. Acht Bauernhöfe und zwei Mühlen waren bereits niedergebrannt. Dann erreichte die Botschaft des Generals, mit dem Niederbrennen aufzuhören, die Soldaten. Erst danach wurde Pater Ladislaus grauenhaft bewusst: sollte ein Türnitzer nochmals einen französischen Soldaten angreifen, so würde man ihn als Bürgen öffentlich erschießen. Er hatte sich mit seinem eigenen Leben vor dem General für die Leute von Türnitz verbürgt. Er sandte einige getreue Gläubige aus, die von Haus zu Haus gingen. Sie erzählten den Leuten, dass sich ihr Pfarrer als Bürge den Franzosen zur Verfügung gestellt hatte. Sie ermahnten und baten alle Leute von Türnitz, jede Revolte gegen die Franzosen zu unterlassen. Aus Verbundenheit mit ihrem Pfarrer, aber auch aus Angst vor Bestrafung hielten sich die Türnitzer daran.

29. Der Mord an zwei Franzosen

Nachdem General de La Bruyère und seine Soldaten bereits einige Monate die Marktgemeinde Türnitz wieder verlassen hatten, kam es jedoch wieder zu einem kriminellen Vorfall. Zwei Franzosen wurden auf der Straße zwischen Türnitz und Annaberg ermordet aufgefunden. Bald wurde im Volk gemunkelt: Die Täter seien einige österreichische Deserteure gewesen, die in Türnitz in einem Versteck untergetaucht waren. Zunächst blieb das Ereignis bei den Franzosen ziemlich unbeachtet. Eines Tages wurde es aber im französischen Hauptquartier in Wien bekannt. Etwa sechs Wochen nach dem Vorfall kam ein französischer Offizier mit mehreren Gendarmen nach Türnitz. Sie quartierten sich im Pfarrhof Türnitz ein. Sie forderten Pater Ladislaus auf, mit ihnen zum Wirt unter dem Annaberg zu fahren. Dort angelangt, verhafteten sie den Wirt und beschuldigten ihn des Mordes an den zwei Franzosen. Auch Pater Ladislaus hatte von dem Vorfall schon erfahren. Er erklärte, dass nicht der Wirt, sondern einige Deserteure die zwei Franzosen erschossen hätten. Der französische Offizier zeigte dem Pater Ladislaus den Befehl vom Hauptquartier, dass der Ort Türnitz niederzubrennen sei, wenn nicht binnen 24 Stunden die Täter ausgeliefert würden. Pater Ladislaus rief sofort den Bürgermeister, erzählte ihm alles und bat ihn, die wahren Täter zu finden und auszuliefern. Der Bürgermeister konnte tatsächlich zwei der Täter noch ausfindig machen und den Franzosen übergeben. Am nächsten Tag hielten die Franzosen Gericht. Angeklagt waren der Wirt, die beiden ausgelieferten Mörder und die ganze Marktgemeinde Türnitz. Pater Ladislaus machte den Dolmetscher zwischen den französischen Militärrichtern und den Angeklagten. Dabei konnte er die chaotischen Worte einiger verängstigter Türnitzer so klug übersetzen, dass sie vor den Franzosen entlastend wirkten. Der Wirt wurde schließlich vom Delikt des Mordes freigesprochen. Die beiden Täter wurden nach Wien abgeführt, konnten später aber durch Bestechung aus dem Kerker entkommen. Der Wirt unterhalb des Annabergs musste 500 Gulden zahlen, der Markt Türnitz 1300 Gulden, weil sie das Verbrechen nicht weitergemeldet hatten. Der Vorfall fand damit für die meisten Betroffenen ein glimpfliches Ende. Überglücklich dankten das Wirtsehepaar, das am Fuß des Annabergs wohnte, und die ganze Marktgemeinde Türnitz dem Pfarrer Pater Ladislaus für die Rettung aus größter Not.

30. Intervention gegen die Einquartierung Tausender französischer Soldaten

Nach dem Frieden von Schönbrunn (14. Oktober 1809) wurde die große Armee Napoleons in vielen Orten Österreichs einquartiert. Der Oberste der französischen Truppen, die in Türnitz einquartiert waren, war ein sehr gebildeter, freundlicher Elsässer. Er war im Posthaus von Türnitz untergebracht. Pater Ladislaus verbrachte viele Abendstunden mit ihm bei gemütlichen Gesprächen.

Eines Tages traf die Nachricht ein, dass sehr bald vier oder fünf Kompanien französischer Soldaten in Türnitz und Umgebung zur Einquartierung zu erwarten seien. Pater Ladislaus wusste, dass das für die erschöpften Talbewohner eine katastrophale Nachricht war. Die Menschen in Türnitz und Umgebung hatten keine Kraft mehr, noch weitere Soldaten zu verpflegen. Manche Einwohner hatten bereits ihre Häuser verlassen, um sich draußen in den Waldhütten mit ihren Rindern zu verstecken. Pater Ladislaus beschloss, beim französischen General gegen die Einquartierung weiterer französischer Soldaten zu intervenieren. Er begab sich mit dem befreundeten französischen Oberst nach Lilienfeld, wo der General im Stift untergebracht war. Sie kamen am späten Nachmittag vor dem Stift Lilienfeld an. Dort hieß es, seine Exzellenz sei gerade jagen. Sie fanden ihn in der Nähe des Stiftes bei den Forellenteichen während der Entenjagd. Er war nicht in Uniform, daher nicht erkennbar. Doch der französische Oberst erkannte ihn sofort. Pater Ladislaus und der Oberst grüßten ihn, indem sie ihre Kopfbedeckung herabnahmen. Sie standen vor dem General, einem hochgewachsenen, hageren Greis mit eisgrauen Haaren und einem grünledernen Käppchen. Er sah Pater Ladislaus und den Oberst finster an. Der Oberst erklärte dem General, dass unmöglich mehr Truppen in der Türnitzer Umgebung untergebracht werden könnten. Die Bevölkerung sei dort völlig erschöpft. Als der General das hörte, wurde er wütend und rief: „Lassen Sie den Bürgermeister, lassen Sie den Pfarrer in Arrest setzen!“ Da trat Pater Ladislaus vor und sagte in fehlerfreiem Französisch, dass er der Pfarrer von Türnitz sei. Und er sei gekommen, um die Großmut des Generals für die dortigen armen Gebirgsbewohner anzusprechen. Schon beim ersten französischen Wort stutzte der General. Und als Pater Ladislaus geendet hatte, schaute der General ihn lange forschend an. Dann winkte er dem Pater Ladislaus und bat ihn, mit ihm zum Stift zurückzugehen. Den Oberst beachtete er nicht mehr. Auf dem Weg schimpfte er über die französische Regierung, die sich beim Rückmarsch um die Verpflegung der großen französischen Armee nicht kümmerte. Er ging auf sein Zimmer im Stift, ließ Pater Ladislaus und den Oberst im Vorzimmer seines Quartiers eine halbe Stunde warten. Danach kam er heraus in der kompletten Generalsuniform, mit vielen Orden geschmückt. Er lud den Pater Ladislaus zum Abendessen ein. Dieser lehnte höflich die Einladung mit Hinweis auf seine seelsorglichen Verpflichtungen ab. Der General verabschiedete sich daraufhin mit den Worten: „Fahren Sie demnach ruhig heim. Es werden keine Truppen weiter nach Türnitz für diesmal kommen“.

Vergnügt fuhren Pater Ladislaus und der Oberst nach Türnitz heim. Sie setzten sich im Posthaus zu einem gemütlichen Abendessen zusammen. Auch ein fröhlicher Hauptmann aus der Gascogne gesellte sich ihnen zu. Sie leerten einige Flaschen Champagner und feierten fröhlich ihren Erfolg.

31. Die Brandkatastrophe im Stift Lilienfeld

Ein großer Einschnitt im Leben von Pater Ladislaus und von seinen Mitbrüdern war die Brandkatastrophe im Stift Lilienfeld. Am Nachmittag des 10. September 1810 brach im Wirtschaftshof des Stiftes plötzlich Feuer aus. Die Ursache des Brandes konnte nie entdeckt werden. Der starke Wind verteilte das brennende Heu und Stroh auf das ganze Stiftsgebäude. Bald brannten viele Dächer des Stiftes, auch das Kirchendach und der Turm, lichterloh. Am nächsten Tag war das Stift in Schutt und Asche versunken. Aus vielen Trümmern stieg noch lange Rauch empor. Die Mitglieder und die Bediensteten des Stiftes hatten Aufnahme in Häusern der Umgebung gefunden. Der damalige knapp 60-jährige Abt Josef entkam nur knapp den Flammen, war aber mit diesem Ereignis völlig überfordert und erkrankte bald danach schwer. Pater Ladislaus war einer jener Patres, die sich um erste Wiederinstandsetzungen bemühten. Er setzte sich dafür ein, dass die schöne Kirche möglichst rasch wieder einen festen Dachstuhl und ein gutes Dach erhielt. Auf die anderen Teile des Stiftes setzten die Sanierungs-Arbeiter zunächst einfache Bretter, die als Notdach dienten. Manche Patres und auch die Regierung meinten, dass das Stift jetzt nicht mehr zu retten sei. Allerdings machte sich der Bischof von St. Pölten, Freiherr Gottfried Joseph Crüts van Creits, besonders für die Erhaltung und den Wiederaufbau des Stiftes Lilienfeld stark. Er wies auf Pater Ladislaus Pyrker hin und schlug ihn als Administrator vor. Trotz seines Sträubens nahm Pater Ladislaus im Juli 1811 das Amt des Prior-Administrators von Lilienfeld an. Er tat es im Gehorsam.

32. Der neue Abt

Im Juli 1812 starb der kranke Abt des Stiftes Lilienfeld, Abt Josef Markl. Die letzte Zeit war er wegen der Brandkatastrophe von Lilienfeld ein gebrochener Mann gewesen. Er hatte einige Monate fern vom Stift Lilienfeld in Graz verbracht, wo er seine Beschwerden zu kurieren gehofft hatte. Nach seinem Tod schritten seine Mitbrüder im Stift Lilienfeld zur Neuwahl. Als Wahlbeobachter reisten der Bischof von St. Pölten und die kaiserlichen Kommissäre an. Unter Glockengeläute kamen sie am Vorabend der Abtwahl im Stift Lilienfeld an. Der Prior-Administrator Ladislaus Pyrker überreichte ihnen am Haupttor die Stiftsschlüssel. Am nächsten Tag um 8 Uhr früh versammelten sich die Mönche vor den Zimmern der kaiserlichen Kommissäre. Sie zogen mit ihnen in Prozession in die Kirche ein, wo der Bischof die Heilige Messe zelebrierte. Nach der Anrufung des Heiligen Geistes und aller Heiligen begann die Wahl. Pater Ladislaus Pyrker erhielt 24 Stimmen von insgesamt 40 Wahlberechtigten. Durch seine Reformen als Prior war er nicht bei allen Mitbrüdern beliebt. Doch die absolute Mehrheit reichte zu seiner Abt-Wahl aus. Er war 42 Jahre alt und nahm die Wahl an. Der Bischof gab den Namen des neuen Abtes öffentlich bekannt. Einige Tage später traf die kaiserliche Bestätigung der Wahl von Abt Ladislaus Pyrker ein. Am 22. Juli 1812 erteilte ihm der Bischof die äbtliche Benediktion.

Diese Jahre seiner Amtszeit als Abt waren geprägt von Aufbauarbeiten im Stift Lilienfeld, das bei seinem Amtsantritt wegen der Brandkatastrophe noch eine halbe Ruine war. Vor allem die Errichtung der Dachstühle und Dächer ließ er durchführen und brachte mühsam und voll Eifer und Klugheit die dazu notwendigen Gelder auf.

Daneben fand er auch Zeit zum Erstellen von Gedichten und metrischen Versen. Außerdem pflegte er von seinem Schreibtisch aus eine ausgedehnte Korrespondenz.

Die jungen Männer, die in seiner Amtszeit als Mönche in das Stift Lilienfeld eintraten, sandte er nach dem Noviziat auf die Hochschule Heiligenkreuz. Dieses Institut war 1802, also zehn Jahr vor seinem Amtsantritt als Abt, von den vier Zisterzienserstiften Niederösterreichs (Heiligenkreuz, Lilienfeld, Neukloster und Zwettl) gegründet worden. Auch Abt Pyrker zählte zu den Förderern dieser philosophisch-theologischen Bildungsanstalt.

33. Der Besuch des österreichischen Kaisers Franz des Ersten im Stift Lilienfeld

Als Kaiser Franz I. 1814 als Sieger nach dem Sturz Napoleons und der Unterzeichnung des Ersten Pariser Friedens (30. Mai 1814) von Frankreich durch Oberitalien, Tirol und Steiermark zog, reiste ihm seine Frau, Kaiserin Maria Ludovika, bis zum Wallfahrtsort Mariazell entgegen. Auch Abt Ladislaus begab sich nach Mariazell, um bei der Willkommensfeier für den Kaiser dabei zu sein. Der Kaiser dankte dort der Gnadenmutter und wurde festlich begrüßt. Abt Ladislaus nahm in Mariazell an der kaiserlichen Mittagstafel teil. Da ergab sich ein günstiger Augenblick, in dem Abt Ladislaus den Kaiser einladen konnte, bei seiner weiteren Heimreise auch im Stift Lilienfeld vorbeizuschauen. Kaiser Franz war von der freundlichen Art des Abtes Ladislaus sehr angetan und nahm die Einladung nach Lilienfeld an. Abt Ladislaus brach sofort von Mariazell auf und bereitete das Stift Lilienfeld für den spontan vereinbarten kaiserlichen Empfang vor. Als der Kaiser am nächsten Abend im Stift Lilienfeld eintraf, fand er das Stift in heller Festbeleuchtung vor. Seine Freude über die großzügige Gastfreundschaft des Stiftes war ihm deutlich anzuerkennen. Zuschauer aus allen Bevölkerungsschichten drängten sich in die Nähe des Kaisers heran. Leutselig ließ der Kaiser das zu, selbst als er das Abendessen im Stift einnahm, und die Leute sich bis zur Tür drängten. Abt Ladislaus hielt dem Kaiser eine Führung durch das Stift, präsentierte stolz auch die von ihm gegründete Musikschule und das Naturhistorische Kabinett. Besonders interessierte sich der Kaiser für die im Stift handwerklich erstellten Erzeugnisse aus Eisen, Holz, Glas und Leder. Am nächsten Morgen reiste der Kaiser wieder ab.

34. Augenzeuge der Siegesfeier über Napoleon und vom Wiener Kongress

Abt Ladislaus Pyrker hielt sich gerade in Wien auf, als die Nachricht vom Sieg über die Truppen Napoleons bei Leipzig (am 19. Oktober 1813) in Wien eintraf. Er war dabei, als General Neipperg hoch zu Ross mit der Siegesnachricht hinter blasenden Postillions im Gefolge vieler Menschen durch die Straßen Wiens zog. Auch Abt Ladislaus schritt neben ihm her. Das Gedränge der jubelnden Menschen, die zum Teil vor Freude weinten, führte ihn hin bis zur Hofburg. Dort nahm Abt Ladislaus am selben Abend an einer Vorstellung im Burgtheater teil. Als die Kaiserin in der Hofloge erschien, jubelten die Leute im Theater voll Begeisterung. Und plötzlich sang die ganze Volksmenge mit riesigem Enthusiasmus die Kaiserhymne „Gott erhalte Franz, den Kaiser" nach den Takten Joseph Haydns.

Als Kaiser Franz bei seiner Rückreise von Paris im Juni 1814 im Stift Lilienfeld Station machte, fragte Kaiser Franz den Abt Ladislaus Pyrker, wann er wieder nach Wien kommen würde. „Zu Anfang des Kongresses", antwortete Pyrker. „Das ist mir lieb", sagte der Kaiser, „ich sehe es gerne, wenn auch vom Lande viel dazu kommen".

Der Wiener Kongress begann offiziell am 18. September 1814 und dauerte bis zum 9. Juni 1815. Abt Ladislaus reiste als niederösterreichischer Prälat immer wieder gerne nach Wien, um behördliche Aufgaben zu regeln, aber auch um sein Netzwerk zu pflegen und zu vergrößern. Zur Zeit des Wiener Kongresses verbrachte er fast den ganzen Winter 1814/15 im Gewühl der Hauptstadt. Er nahm an mehreren Veranstaltungen des dichten Rahmenprogramms rund um den Wiener Kongress teil. Besonders eindrucksvoll empfand er den Einzug der drei Monarchen, des Zaren Alexander von Russland, des Königs Friedrich Wilhelm des Dritten von Preußen und des Kaisers Franz von Österreich durch die Praterallee und die Jägerzeile in Richtung Wien, am 25. September 1814. Ein Höhepunkt für Abt Ladislaus während des Wiener Kongresses war seine Teilnahme an einem Abend-Empfang in der Hofburg. Dabei konnte er sich unter anderem mit Zar Alexander von Russland, mit König Friedrich Wilhelm dem Dritten von Preußen, mit König Maximilian von Bayern, mit König Friedrich von Württemberg, mit König Friedrich dem Sechsten von Dänemark, mit Großherzog Karl

Ludwig von Baden und mit dem ehemaligen italienischen Vizekönig Eugen Beauharnais freundlich unterhalten. Abt Ladislaus begegnete den berühmten Diplomaten Castlereagh (Großbritannien), Talleyrand (Frankreich), Kardinal Consalvi (Kirchenstaat) und Graf Hardenberg (Preußen). Die Flucht Napoleons von Elba im März 1815 setzte viele auf dem Wiener Kongress in Schrecken. Sie unterbrach den Festreigen rund um den Wiener Kongress. Viele Teilnehmer fuhren von Wien wieder ab. Erst mit dem Sieg Wellingtons bei Waterloo (am 18. Juni 1815) konnte dem Eroberer Napoleon Einhalt geboten werden.

Vom Sieg Wellingtons über Napoleon bei Waterloo erfuhr Abt Ladislaus, als er gerade mit seinen Mitbrüdern und Gästen im Stift Lilienfeld an seinem Namenstag (27. Juni) zur Mittagstafel saß. Ein alter Feldmarschall, der bei Abt Ladislaus zu Gast war, las begeistert die Siegesnachricht vor. Alle, die sie hörten, atmeten erleichtert auf und dankten Gott für den nun in Aussicht gestellten Frieden.

35. Bergtour-Gefährte und Freund von Erzherzog Karl und Erzherzog Johann

Im Spätsommer 1813 wurde Abt Ladislaus nach Gußwerk, unweit von Mariazell, gerufen. Er war als Abt eingeladen, um bei einem Fest der beiden Brüder Erzherzog Johann und Erzherzog Karl dabei zu sein. Mit beiden Erzherzögen kam Abt Ladislaus Pyrker blendend aus. Erzherzog Karl war fast gleich alt wie Abt Ladislaus, nur um ein Jahr war der Erzherzog älter. Erzherzog Johann war um zehn Jahre jünger als Abt Ladislaus. Er schätzte am Lilienfelder Abt dessen Naturverbundenheit, Intelligenz und Sinn für die Realität.

Erzherzog Johann musste bald nach dem Fest von Gußwerk wieder abreisen. Er wollte am nächsten Tag wieder in Graz aufgrund mancher Verpflichtungen sein.

Mit Erzherzog Karl dagegen bestieg Abt Ladislaus gemeinsam den Ötscher. Am ersten Tag gelangten sie bis zur Hütte am Berg. Bei Alpengesang und Jubelrufen von fern und nah nahmen sie ein bescheidenes Abendessen ein. Nach der Nächtigung in der Hütte erreichten sie am nächsten Tag den Gipfel. Beim Abstieg besichtigten sie den beeindruckenden Lassingfall. Am Nachmittag im Tal angekommen, reiste Abt Ladislaus noch am Abend in das Stift Lilienfeld zurück.

Von diesem Ausflug an kam Erzherzog Karl jedes Jahr mindestens einmal zu Abt Ladislaus, um mit ihm gemeinsam einen Berg zu besteigen. Das machten sie, solange Abt Ladislaus Abt von Lilienfeld war. Aber auch später noch, als Abt Ladislaus bereits Bischof war, machten sie manchmal gemeinsame Ausflüge in die Berge. Im Haus der Familie von Erzherzog Karl und seiner Gattin Henriette von Nassau-Weilburg, sowohl in Wien, als auch in Baden, war Ladislaus Pyrker immer ein willkommener Gast.

Auch mit Erzherzog Johann sollte sich Abt Ladislaus immer wieder treffen. Gemeinsam bestiegen sie manche Berge. Sie hielten ein Leben lang zueinander Kontakt und blieben Freunde.

36. Der Besuch der Kaiserin Marie Louise im Stift Lilienfeld

Marie Louise hatte nach ihrer Rückkehr aus Frankreich am Wiener Hof keinen einfachen Stand. Sie galt zwar als Tochter des Kaisers Franz, doch als Gattin des Feindes Napoleon. Anfang Juli 1815 erhielt Abt Ladislaus die Nachricht, dass Marie Louise, einst Kaiserin der Franzosen und neu eingesetzte Herzogin von Parma, für einige Tage zur Erholung in das Stift Lilienfeld kommt. Abt Ladislaus erhielt den Auftrag, sie durch Lilienfeld und Umgebung zu führen und ihren Ausflug möglichst angenehm zu gestalten. Ein paar Tage vor ihrer Ankunft kamen bereits ihr Haushofmeister, der Koch, der Stallmeister und ihre Kammerfrau an. Sie alle waren Franzosen. Abt Ladislaus sprach mehrmals mit diesem Gefolge von Marie Louise über Napoleon. Besonders die Kammerfrau der Kaiserin war von Napoleon sehr eingenommen. Sie sagte über ihn: „Vraiment, c'était un grand homme!" „Wahrlich, er war ein großer Mann". Sie bezeugte auch, dass Napoleon seiner Frau Marie Louise gegenüber immer sehr rücksichtsvoll war.

Schließlich kam Marie Louise eines Nachmittags in Begleitung ihrer italienischen Hofdame im Stift Lilienfeld an. Sie trug einen breiten Sonnenhut, mit dem sie durch ihre geneigte Kopfhaltung ihr Gesicht halb verdeckte. Abt Ladislaus führte sie über die Kaiserstiege in die für sie bereiteten Kaiserzimmer. Erst im Zimmer, als sie dem Abt gegenüber stand, konnte er ihr in die Augen sehen. Er war beeindruckt von ihrer Schönheit und edlen Haltung. Er beschrieb ihr, welche Ausflüge er mit ihr in den nächsten fünf bis sechs Tagen plante. Kurz nachdem er sich von ihr zurückgezogen hatte, ließ Marie Louise dem Abt Ladislaus eine Botschaft ausrichten. Sie wünsche, dass er täglich mit ihr und ihrer Hofdame zu Mittag und am Abend speise. Er war bei ihr offensichtlich gut angekommen.

Abt Ladislaus und Marie Louise konnten sich an den folgenden Tagen stundenlang blendend miteinander unterhalten. Gleich am ersten Abend speisten sie von sieben bis neun Uhr abends gemeinsam im Speiseraum des Kaisertraktes. Danach bat sie den Abt und ihre Hofdame, mit ihr in den Salon des Kaisertraktes zu gehen. Dort unterhielten sie sich bis über eine Stunde vergnüglich zu verschiedensten Gesprächsthemen, bis sie schließlich höflich sagte: „Gute Nacht". Sie erzählte ihm in diesen Tagen, wie sehr Napoleon sein Kind immer geliebt habe. Sie erzählte ihm, dass Napoleon ihr einst auftrug, die Werke Voltaires zu lesen, was sie aber nur zum Teil tat. An einem Abend erwähnte Abt Ladislaus, dass er einmal gehört habe, sie spiele Klavier. Darauf spielte sie ihm über eine Stunde mit bester Fertigkeit viele berühmte Werke auf einem im Zimmer stehenden Klavier vor.

Am ersten Ausflugstag besuchten sie gemeinsam Mariazell, am nächsten Tag den mächtigen Lassingfall. Um dorthin zu kommen, ritten sie auf verlässlichen Gebirgspferden die Gebirgspfade entlang, sie im Damensattel. Als sie gemeinsam die hölzernen Stufen bestiegen, um zum Lassingfall zu kommen, erklärte Abt Ladislaus, dass dieser Wasserfall von Erzherzog Karl als großartiger bezeichnet wurde als der Wasserfall des Rheins bei Schaffhausen in der Schweiz. Achselzuckend meinte sie, dass sie erst kürzlich in der Schweiz war und sehen werde, ob es wirklich so etwas Besonderes sei. Als sie dann angekommen waren, wo sie die Lassing in gewaltiger Majestät über die Felsen in die Tiefe hinabdonnern sahen, da rief sie mit hoch erhobenen Armen: „Es ist so – es ist so – ich habe nie einen schöneren gesehen!"

Am Abend im Stift angekommen, meinte Abt Ladislaus, dass sie nach dem üblichen Abendessen und Salongespräch sicher ermüdet von den Strapazen sei. Doch sie äußerte den Wunsch, die große gotische Stiftskirche und den Kreuzgang im Kerzenschein zu sehen. Es war bereits fast 11 Uhr nachts. Da führte Abt Ladislaus die ehemalige Kaiserin und ihre Dienerschaft durch die mittelalterlichen Räume des Stiftes im Kerzenschein. Während dieser nächtlichen Wanderung kamen nur einzelne bewundernde Worte aus ihrem Mund.

Am nächsten Morgen fragte Abt Ladislaus die ehemalige Kaiserin, ob sie gut geschlafen habe. Sie antwortete: „Nein". Sie habe von Erzherzog Rainer einen Brief erhalten, den der Postbote überbracht hatte. Dann habe sie noch bis nach Mitternacht Briefe geschrieben und dann lange nicht einschlafen können. Nach einigem Schweigen fügte sie hinzu: „Sie wissen schon, wenn man unglücklich ist ...". Hier wurde Abt Ladislaus bewusst, wie sehr sie unter ihrer Situation nach der Entmachtung und Verbannung Napoleons litt.

Der nächste Ausflugstag bereitete ihr jedoch wieder große Freude. Es ging auf die Klosteralpe von Lilienfeld, bei strahlendem Sonnenschein. Sie genossen die wunderbare Aussicht vom Gipfel des Muckenkogels aus. Ein weiterer Tag war einer genauen Besichtigung des Stiftes Lilienfeld gewidmet. Als die Abreise kam, nahmen sie gemeinsam noch das Mittagessen im Schloss Bergau ein, das dem Stift im Ort Rohrbach gehörte. Marie Louise lud Abt Ladislaus ein, sie in Schönbrunn zu besuchen. Er tat das einige Zeit danach tatsächlich. Er wurde dort zum Essen bei Marie Louise eingeladen und lernte ihren kleinen Sohn Napoleon, den Herzog von Reichstadt, kennen. Mit ihm sollte Abt Ladislaus dann auch später immer wieder zusammentreffen und eine lose väterlich-freundschaftliche Beziehung pflegen.

37. Erkundung der Ötscherhöhlen

Im Jahr 1816 kam Erzherzog Ludwig, ein Bruder des Kaisers, zu Abt Ladislaus, um gemeinsam mit ihm den Ötscher zu besteigen und die Ötscherhöhlen zu erkunden. Sie ritten durch die waldigen Täler unterhalb von Annaberg bis hinunter auf den Erlaufboden. Erst nach Sonnenuntergang kamen sie bei der Hütte des Holzmeisters Spielpichler an. Dort nächtigten sie. Am nächsten Morgen brachen sie gemeinsam mit einem Bergmann und einigen Holzknechten früh auf. Noch bevor sie zur ersten Höhle kamen, setzte sich Erzherzog Ludwig erschöpft nieder und gab die Besichtigung der Höhlen auf. Er war zu sehr Stadtmensch und den Strapazen auf der Bergtour nicht gewachsen. Ein Hofrat blieb bei ihm zurück. Alle anderen machten sich auf, die Höhlen zu erkunden.

Als sie am Eingang der ersten Höhle, Geldloch genannt, ankamen, sahen sie einen kleinen zugefrorenen Teich. Darüber war eine düstere Öffnung, durch die sie aber nicht krochen, da das Eis des darunterliegenden Teiches nicht fest genug war. Sie wanderten zur nächsten Höhle, dem sogenannten Taubenloch, weiter. Dort trafen sie in einem weiten Höhlenraum unzählbar viele Bergdohlen an, die in der Höhle ihre Nester hatten. Von diesem weiten Höhlenraum stiegen sie durch einen etwa sechzig Meter langen Gang abwärts. Sie krochen durch eine niedrige Öffnung. Da waren sie plötzlich in einem beeindruckenden riesigen Höhlenraum, dem Innersten des Taubenlochs. Bei flammenden Fackeln konnten sie die unermessliche Höhe dieses naturgegebenen Saales erkennen. Sie verließen die Höhle wieder und kehrten zum Erzherzog und zum Hofrat zurück.

Alle gemeinsam wanderten nun den Weg weiter und kamen zu einer weiteren Höhle, dem sogenannten Wetterloch. Die Holzknechte wiesen auf eine geheimnisvolle Legende hin. Sie besagt, wenn jemand aus Lust und Laune Steine in das Wetterloch werfe, erlebe er noch am selben Tag ein Gewitter. Der Hofrat lachte darüber und warf die ersten Steine hinunter. Sie rollten mit einem düsteren Gepolter in die unfassbare Tiefe hinab. Andere vom Gefolge des Erzherzogs ahmten sein Beispiel nach.

Die Expedition erreichte bald danach das Gipfelkreuz. Dort rasteten sich alle ein wenig aus. Dann begannen sie mit dem Abstieg Richtung Lackenhof. Am späten Nachmittag in Lackenhof angekommen, fuhren sie mit einer halbgedeckten Kalesche Richtung Gaming. Der Hofrat saß vorne, ganz unbedeckt. Sie fuhren kaum eine halbe Stunde, da zogen plötzlich dunkle Wolken auf. Es wurde finster wie in der Nacht. Ein schweres Gewitter brach los, von den Höhen des Ötschers herab. Der Donner tobte durch die Täler. Die Blitze entflammten alle Augenblicke die Fluten des vorbeirauschenden Baches. Und der Regen prasselte in Strömen hernieder. Der Hofrat wurde bis auf die Haut durchnässt. Zunächst wurde noch lachend an die Warnung gedacht, die die Holzknechte wegen des Wetterloches ausgesprochen hatten. Doch das heftige Gewitter ließ bald alle scherzhaften Äußerungen verstummen. Gegen 11 Uhr abends kamen sie alle in Gaming an, ohne Nachtmahl legten sie sich dort sehr müde bald nieder.

38. Der Musikfreund

Abt Ladislaus war ein begeisterter Musikfreund, er selbst war ein guter Klarinettist. Als er 1812 Abt wurde, förderte er das Musikschaffen im Stift Lilienfeld. Er achtete auf eine gediegene Leitung der Lilienfelder Sängerknaben. Den Stiftsorganisten von Lilienfeld sandte er in das Stift Heiligenkreuz, damit dieser beim dortigen weithin bekannten Organisten lerne. Abt Ladislaus führte eine strenge

Regel für die Stiftsmitarbeiter ein: Wer im Stift Lilienfeld arbeiten wollte, musste entweder ein Instrument spielen oder im Stifts-Chor singen. Wer nicht musizierte, konnte im Stift Lilienfeld kein Mitarbeiter sein.

Abt Ladislaus ließ Instrumente anschaffen und reparieren. Er besorgte Noten zu klassischen Messen von großen Komponisten. Auch säkulare Werke wie „Die Schöpfung" von Joseph Haydn ließ er aufführen. An den Sonntagen gestalteten die Patres, die Stiftsmitarbeiter und die Sängerknaben des Stiftes die Musik der Sonntagsmesse. An Festtagen reisten aus der Nachbarschaft manche Patres zum Musizieren heran. Im Winter setzten sich die Musiker am Sonntag Nachmittag zusammen und spielten in akustisch geeigneten Räumen Symphonien, Ouvertüren, Kantaten und Oratorien. Sie brachten Arien und Solo-Stücke für Violine, Violoncello, Pianoforte, Flöte, Horn und Klarinette vor.

39. Im Salon von Caroline Pichler

Caroline Pichler war die Tochter der Familie Von Greiner. Ihr Vater war Hofrat. Ihre Mutter war einst Kammerzofe und Vorleserin bei Kaiserin Maria Theresia gewesen. Von ihren Eltern hatte Caroline Pichler gelernt, einen literarischen Salon zu führen. Viele geistige Größen Wiens gingen in ihrem Elternhaus ein und aus. Sie setzte diese Tradition nach ihrer Heirat mit dem Regierungsrat Andreas Pichler fort. Sie lud intellektuell Interessierte und feinsinnige Gebildete in ihren literarischen Salon in Wien ein. Auch verständige Gäste auf der Durchreise waren in ihrem Salon immer willkommen. Sie selbst war schriftstellerisch tätig, sprach mehrere Sprachen und musizierte als Sängerin und am Klavier.

Pater Ladislaus Pyrker lernte Caroline Pichler kurz vor seiner Abtwahl in Lilienfeld kennen. Sie und ihr Gatte trafen damals mit Pyrker anlässlich eines Ausflugs in Lilienfeld zusammen und unterhielten sich blendend mit ihm.

Damals prophezeite sie dem Prior Ladislaus Pyrker der nächste Abt von Lilienfeld zu sein. Sie hatte recht. Von ihrem Besuch in Lilienfeld an blieb Caroline Pichler mit Pyrker in Kontakt. Sie lud ihn ein, ihren literarischen Salon zu besuchen. Dieser Einladung folgte Abt Ladislaus erstmals 1812. Viele Besuche von Pyrker im Salon der Pichler sollten folgen. Er wurde so vertraut mit dem Salon der Pichler, dass dieser für ihn allmählich ein Stück Familie bedeutete. Er begegnete dort unter anderen den Schriftstellern Joseph Freiherr von Hormayr, Joseph von Hammer-Purgstall, Matthäus von Collin, Nikolaus Lenau und Therese von Artner. Im Salon der Pichler lernte Pyrker auch den jungen Franz Grillparzer kennen. An manchen Tagen gab es dort auch ein Konzert. Pyrker erlebte eines Abends im Salon der Caroline Pichler den jungen Komponisten Franz Schubert, als dieser vor der Runde der literarisch Hochgebildeten auf einem Hammerflügel seine Kompositionen zum Besten gab.

40. Bischofsernennung

Ende Juni 1818 besuchte Abt Ladislaus den Kaiser Franz in Baden. Abt Ladislaus brachte einige Angelegenheiten zugunsten des Stiftes Lilienfeld dem Kaiser vor. Kurz bevor der Kaiser ihn gehen ließ, fragte der Kaiser den Lilienfelder Abt, ob er sich vorstellen könne, Bischof von Zips (Spiš) zu werden. Die Diözese Zips liegt heute in der Slowakei, damals gehörte sie zum Königreich Ungarn. Kaiser Franz betonte zu wissen, dass Abt Ladislaus ungarisch könne. Und er habe seine Ursachen, ihn dort einzusetzen. Auf diese Worte des Kaisers hin schwieg Abt Ladislaus eine Weile. Ihm selbst fiel auf, dass er sogar zitterte. Dann sagte er dem Kaiser, er habe sein ganzes weiteres Leben für das Stift Lilienfeld vorgesehen. Im Stift wisse er, was er tun könne. Er sei seit 26 Jahren in Österreich, in seinem Stift Lilienfeld. Ungarn sei ihm mittlerweile ganz fremd. Der Kaiser ging ein paar Mal auf und ab. Dann sah er Abt Ladislaus verwundert an und sagte ihm lächelnd: „Nu, nu“. Er solle sich nur gefasst halten. Er würde ihn vielleicht dennoch zum Bischof ernennen. Ins Stift Lilienfeld heimgekehrt, erzählte Abt Ladislaus alles dem Prior Philipp, dem er besonders zugetan war. Es gab keinen Grund, diese Angelegenheit geheim zu halten. Bald machten die Mitbrüder im Stift Lilienfeld verschiedene Vorschläge, wie man die Ernennung ihres Abtes zum Bischof von Zips verhindern könne. Sie wollten beim Kaiser vorsprechen, um ihn zu bitten, Abt Ladislaus nicht zum Bischof zu machen. Dieses Vorhaben gaben sie aber wieder auf, da sie fürchteten, der Kaiser könnte ihr Anliegen sehr ungnädig aufnehmen.

Abt Ladislaus hatte schon längere Zeit einen Aufenthalt in Gastein geplant. Dort reiste er hin, im Kopf voll mit Gedanken über seine mögliche Ernennung zum Bischof. Eines Nachts klopfte es heftig an der Tür von Abt Ladislaus in seinem Gasteiner Quartier. Es war der Postbote. Kurz nach Mitternacht war er angekommen, um eine dringende amtliche Nachricht vom Kaiser zu überreichen. Abt Ladislaus öffnete den Brief und las die Nachricht. Erstarrt musste er feststellen: der Kaiser habe ihn am 18. August 1818 zum Bischof von Zips ernannt.

41. Abschied von Lilienfeld und Türnitz

Abt Ladislaus konnte als designierter Bischof von Zips (Spiš) noch einige Monate in seinem Stift Lilienfeld verbringen. Seine Bischofsernennung musste erst in Rom bestätigt werden. Er hatte Zeit, seine Amtszeit als Abt von Lilienfeld geordnet abzuschließen und die unter seiner Leitung stehenden Büros geregelt abzugeben. Der Hofbuchhalter, der die Prüfung der Akten vornahm, rief nach seiner Arbeit mit hocherhobenen Händen: „Herr Prälat, es wird ja alles in einem gloriosen Zustand befunden!“ Worauf Abt Ladislaus lächelnd antwortete: „Haben Sie es denn anders erwartet?“.

Vor den versammelten Mitbrüdern und der kaiserlichen Kommission reichte Abt Ladislaus schweren Herzens am 24. Februar 1819 seine Resignation als Abt ein. Bald danach kam der Dompropst aus Zips in Lilienfeld an. Mit ihm reiste Abt Ladislaus nach Türnitz und Mariazell, um Abschied zu nehmen. Im berühmten Wallfahrtsort widmete er sich besonders inständig der Andacht und dem Gebet. In Türnitz kam es zu Szenen, mit denen Ladislaus Pyrker völlig überrascht wurde. Die Bewohner des Marktes und der umliegenden Bauernhöfe bildeten in ihren Sonntagsanzügen mit entblößtem Haupt einen langen Spalier, die Straße zum Pfarrhof entlang. Sie schauten ihren einstigen Pfarrer lautlos und trauernd an, der voll Wehmut durch die Reihe seiner ihm lieb gewordenen Türnitzer fuhr. Er war tief in der Seele ergriffen. Kaum war er im Pfarrhof angekommen, meldete sich der Bürgermeister mit mehreren Bürgern als Abgesandte des Ortes.

Sie brachten ihren Dank und Abschiedsgruß dar. Der Bürgermeister begann einige Worte zu stammeln. Doch schnell erstickten die Tränen seine Stimme. Ein allgemeines Schluchzen durchtönte die versammelte Schar der Türnitzer. Ladislaus Pyrker rief weinend auf: „Lasst mich, meine lieben Kinder. Ich kann nicht. Gott segne euch alle für immer!“ Er eilte weinend in den Pfarrhof, wo er sich auf ein Kanapee warf, die Stirn mit beiden Händen auf die Lehne drückte und lange wie ein kleines Kind weinte. Am Abend reiste er mit seiner Begleitung still nach Lilienfeld ab.

Am nächsten Tag brach Ladislaus Pyrker von seinem geliebten Stift Lilienfeld unter Tränen auf. Er drückte sich mit geschlossenen Augen in die Ecke des Wagens, der langsam vom Hauptportal des Stiftes zur Straße hinabfuhr. Da sagte sein Begleiter: „Sehen Sie die Menge, die links und rechts an dem Wege kniend um den Segen bittet!“. Da musste Ladislaus Pyrker wohl seine Augen auf die grüßenden Menschen richten, bis er am letzten vorbeikam. Dann fuhren sie eilig davon.

D. Bischof von Zips

42. Bischofsweihe

Nach einigen Wochen der Vorbereitung kam für Johann Ladislaus Pyrker der Tag der Bischofsweihe. Er empfing sie im Stephansdom zu Wien. Dort fanden sich viele seiner Wiener Bekannten ein, allen voran manche Mitglieder aus dem Kaiserhaus und manche seiner Freunde aus dem literarischen Salon der Caroline Pichler. Kaiser Franz konnte nicht dabei sein, da er sich gerade auf einer Reise befand nach Rom. Auch einzelne Vertreter des Stiftes Lilienfeld und einige Repräsentanten der Diözese Zips (Spiš) nahmen an der erhabenen Feier teil.

Die Bischofsweihe fand am 18. April 1819 statt. Dieser Tag war der Weiße Sonntag, der zweite Sonntag der Osterzeit. Der fast 90-jährige Fürsterzbischof von Wien, Graf Sigismund von Hohenwart, spendete Johann Ladislaus Pyrker das Sakrament der bischöflichen Weihe. Ihm assistierten der Erzbischof der katholischen Armenier Wiens und der Wiener Weihbischof Mathias Steindl. Erzbischof Graf Hohenwart, der mit zittrigen Händen Pyrker zum Bischof weihte, hatte 23 Jahre zuvor Johann Ladislaus Pyrker in St. Pölten zum Priester geweiht. Damals war Graf Sigismund von Hohenwart noch Bischof von St. Pölten gewesen. Nun stand Erzbischof Graf Hohenwart bereits im 16. Jahr seines Wirkens als Erzbischof von Wien. Ein Jahr später sollte er hoch angesehen versterben.

43. Empfang in Zips (Spiš)

Noch mit einem gewissen Heimweh nach Lilienfeld und Türnitz behaftet, betrat Bischof Johann Ladislaus Pyrker am 10. Mai 1819 die Grenze des Zipser Komitats. Da erlebte er die ersten Zeichen eines freundlichen Empfangs. Auf dem Weg zu seinem Ziel wurde er durch den ersten Vizegespan (Kreisdirektor), einem sehr würdigen Greis, zusammen mit mehr als fünfzig Personen über Nacht bewirtet. Auch ein kleines Konzert wurde dabei aufgeführt. Am nächsten Tag stieg Bischof Pyrker im Schloss der alten Gräfin Csáky ab. Auch dort wurde er festlich, und zwar von 30 Adeligen, begrüßt. Am nächsten Morgen, am 12. Mai, war der feierliche Einzug vorgesehen. Es war ein besonders schöner, heiterer Tag. Der neue Bischof Johann Ladislaus Pyrker war von ernsten Gedanken bewegt. Er zog unter lauten Kirchengesängen, Böllerschüssen und dem Jubel der Leute dem Zipser Kapitel entgegen. Der Festzug führte durch ein Tor der mittelalterlichen Wehrmauern des Zipser Kapitels hindurch und endete im Zipser Martinsdom. Mehrere Tausend Leute wohnten diesem freudigen Ereignis voll Jubel bei. Der Dompropst hielt die Begrüßungsrede. Bischof Johann Ladislaus antwortete mit freundlichen Worten. Danach huldigten Klerus und Volk dem neuen Oberhirten. Über 400 Gäste nahmen an der Festtafel teil. Das Mahl mit den köstlichsten Speisen fand mehrmals Unterbrechungen durch laute Toaste auf den neuen Bischof, und durch lange Reden. Johann Ladislaus Pyrker war von dieser großen Feier tief beeindruckt. Er war ein solch großes Feiern nicht gewohnt. Die Gastfreundschaft und Herzlichkeit der Leute seiner Zipser Diözese öffneten sein Herz für seine neue Aufgabe.

44. Die Bereisung der Diözese Zips

Bischof Johann Ladislaus war sich bewusst, dass er den meisten seiner Gläubigen unbekannt war. Er beschloss daher, seine ganze Diözese zu bereisen. Alle drei Komitate, Zips, Liptau und Arva, wollte er aufsuchen. Bereits Anfang Juni 1819 begann er, diesen Plan umzusetzen. Er spendete in vielen Pfarren das Sakrament der Firmung. Er lernte den größten Teil der Seelsorger persönlich kennen. Vor allem sah er, welch großes Bedürfnis für die Pfarren an tauglichen Schullehrern bestand. Bis in die Pfarren an den Grenzen seiner Diözese kam er und erkundigte sich nach dem Wohl seiner ihm Anvertrauten. Manche entlegenen Pfarren hatten vor Pyrker noch nie einen Bischof gesehen. Auf der Heimkehr ließ er es sich nicht nehmen, auch die Karpaten zu besteigen. Er wanderte auch auf eine Höhe hinauf, wo der kleine Bergsee, der das „Meerauge" genannt wird, liegt. Seinem alten Drang nach dem Bergsteigen konnte er sich da nicht entziehen. Die Karpaten erinnerten ihn an die Alpen.

45. Der Besuch von Erzherzog Johann in der Zips

Dem Erzherzog Johann, dem steirischen Prinzen und Bruder des Kaisers, war Johann Ladislaus Pyrker seit langem besonders zugetan. Mit ihm hatte er in Österreich mehrmals Bergtouren unternommen. Gerne haben sie einander auch besucht. Erzherzog Johann kam einige Male zu Pyrker nach Lilienfeld, Pyrker besuchte Erzherzog Johann mehrmals in Wien, später auch am Brandhof in der Nähe des steirischen Seebergs. Als Pyrker Bischof von Zips, also im östlichsten Teil der Slowakei, geworden war, hatte Pyrker manchmal Heimweh nach Österreich und Sehnsucht nach seinen österreichischen Freunden. Eine große Freude bereitete ihm Erzherzog Johann. Dieser besuchte Johann Ladislaus Pyrker bald nach dessen Amtsantritt in der Zips. Gemeinsam unternahmen sie auch eine Tour auf die Hohe Tatra.

46. Der Tod der Mutter

Eines Tages kam die Mutter von Bischof Johann Ladislaus Pyrker in die Zips auf Besuch. Gerne zeigte er der greisen Mutter sein neues Zuhause und den schönen Martinsdom von Zips. Sechs Jahre zuvor war sie Witwe geworden. Ihren Sohn wollte sie noch sehen, bevor sie selbst ihrem Gatten in die Ewigkeit folgte. Sie war bereits sehr schwach und krank. Wie glücklich war sie doch, einige Tage in der Nähe ihres bischöflichen Sohnes zu verbringen. Es war aus ihm etwas geworden, konnte sie sich getrost sagen. Nur besorgt war sie schon. Ob er das alles schaffen werde? Die hohe Verantwortung, die Sorgen und Nöte! Doch sie vertraute auf Gott und betete immer wieder für ihren Sohn. Sie war noch auf Besuch in der Zips, als sich ihr Gesundheitszustand ernstlich verschlechterte. Als sie starb, sprach er für sie viele Gebete. Manche Tränen vergoss der Bischof um seine gute alte Mutter. Ihr verdankte er so viel. Die vielen Erinnerungen an seine schöne Kindheit stiegen inihm auf. Er konnte schließlich für sie, die Verstorbene, nicht mehr viel tun. Doch er sorgte für ein passendes Grab in der Zips, für ein würdiges Begräbnis und für viele heilige Messen zum Heil ihrer Seele.

47. Der Gründer der ersten Lehrerbildungsanstalt des Habsburgerreichs

Bei seinen Besuchen in den einzelnen Pfarren in seiner Zipser Diözese fiel Bischof Johann Ladislaus Pyrker eines besonders auf. Es fehlte an tüchtigen Lehrern in den Schulen. Damals gehörten die Dorfschulen in den Verantwortungsbereich der Pfarrer. Das Bildungsniveau der Lehrer war niedrig. Die allgemeine Schulpflicht bestand zwar seit einigen Jahrzehnten, seit Maria Theresias Bildungsreform. Doch was half die allgemeine Schulpflicht, wenn die Lehrer selbst kaum gebildet waren! Bischof Johann Ladislaus beschloss daher nach seiner Rundreise durch die Diözese Zips, ein Institut für angehende Dorfschullehrer zu schaffen. Es sollte die erste Lehrerbildungsanstalt in der ganzen Habsburger-Monarchie sein. Der Plan dazu wurde schnell ausgearbeitet. Die nötigen Räumlichkeiten wurden im Zipser Kapitel bereitgestellt, für Unterricht und Unterkunft der kommenden Kandidaten. Zwei Lehrer wurden gefunden, nämlich ein Geistlicher für die Lehrmethode und der Organist der Kathedrale als Lehrer für Kirchengesang und Orgelspiel. Einem Domherrn wurde die Leitung anvertraut, und ein Finanzfonds zur Finanzierung des Projekts fand die notwendigen Ressourcen durch Beiträge der Domherren, des Klerus und anderer Wohltäter. Im November 1819 begann der Betrieb, zunächst bloß mit sechs Kandidaten. Doch diese lernten schnell und bewiesen bald die Sinnhaftigkeit des ganzen Unternehmens. Nach zehn Jahren waren bereits hundert Lehrer durch die Lehrerbildungsanstalt von Zips bestens ausgebildet. Die Idee, den Lehrern eine gute Ausbildung zu geben, begeisterte Kaiser Franz. Sie fand allgemein Anklang und bald gab es auch ähnliche Institute in anderen Gegenden der Habsburger-Monarchie.

48. Des Kaisers Idee mit Venedig

Der Winter in der Zips tat dem neuen Bischof Johann Ladislaus Pyrker nicht gut. An manchen Wintertagen hatte es weit unter -20° Celsius. Den ganzen Winter 1819/20 blieb Bischof Pyrker kränklich. Im Frühjahr reiste er wieder nach Wien. Die dortigen Freunde von Bischof Pyrker erschraken, als sie ihn mit einem so blassen Gesicht sahen. Kaiser Franz empfing Bischof Pyrker in der Hofburg. Er lobte die Leistungen des neuen Bischofs in der Zips. Er sprach auch das schlechte Aussehen von Bischof Pyrker an. Er zeigte Verständnis dafür, wegen des rauen Klimas in der Zips. Dann sagte er eine Weile nichts. Doch dann sah der Kaiser den Bischof Pyrker lächelnd an und erklärte, er habe eine Idee. Er wolle ihn zum Patriarchen von Venedig ernennen. Bischof Pyrker dachte, der Kaiser mache einen Scherz mit ihm. Der Kaiser war nämlich bei Pyrker öfters zum Scherzen aufgelegt. Bischof Pyrker schaute den Kaiser zunächst verwundert und abwartend an. Der Kaiser meinte daraufhin, ja, es sei sein voller Ernst. Er wisse, dass Bischof Pyrker Italienisch könne. Er habe erfahren, dass Bischof Pyrker auch in Rom angesehen sei. Für Venedig den richtigen Mann zu finden, sei ohnehin sehr schwierig. Bischof Pyrker erschrak und zitterte am ganzen Leib. Der Kaiser merkte ihm den Schrecken an. Er sagte ihm freundlich, er solle zunächst einmal überlegen und nach etwa 14 Tagen wieder zu ihm kommen. Beim Hinausgehen rief ihm der Kaiser noch nach: es werde sich zeigen, dass Venedig für Pyrkers Gesundheit das Beste sei.

49. Die Weigerung Pyrkers, nach Venedig zu gehen

War es Traum oder Wirklichkeit? Diese Frage stellte sich Bischof Pyrker, nachdem ihm der Kaiser die Ernennung zum Patriarchen angekündigt hatte. Patriarch von Venedig zu werden, war eine große Ehre. Aber war das nicht eine Nummer zu groß für ihn? Bischof Pyrker begab sich zu einem vertrauten Freund. Er berichtete ihm über den Vorschlag des Kaisers. Auch der Freund war darüber ganz betroffen. Er riet dem Bischof Pyrker, den Kaiser höflich, aber bestimmt zu bitten, von dieser Ernennung Abstand zu nehmen. Die selbstständige Stellung eines Bischofs in Ungarn sei ein größerer Vorteil als die schwierige Position eines Patriarchen in Italien.

Einige Tage danach sandte der Kaiser einen Hofrat zu Bischof Pyrker. Der Hofrat ließ dem Bischof Pyrker ausrichten, der Kaiser wünsche zwar die Ernennung Pyrkers zum Patriarchen. Bischof Pyrker solle dem Kaiser aber mitteilen, welche Gründe dagegen sprechen könnten. Der Kaiser wolle Pyrker nämlich keinen Zwang antun. Bischof Pyrker nannte dem Hofrat seine Bedenken. Sehr bald darauf rief Erzherzog Rainer, der Bruder des Kaisers und Vizekönig von Lombardo-Venetien, der gerade in Wien weilte, Bischof Pyrker zu sich. Sehr freundlich wurde Bischof Pyrker von Erzherzog Rainer empfangen. Bischof Pyrker nannte seine Gründe, warum er nicht Patriarch von Venedig werden wolle. Unter anderem wies er auf seine geringen Italienisch-Kenntnisse hin. Er hätte alles Italienisch seiner Jugendzeit wieder längst vergessen. Er hätte auch Sorge um seine Gesundheit wegen der ungewohnten Lagunenluft. Außerdem hätte er als Patriarch von Venedig weniger Einkünfte als in der Position eines damaligen Bischofs einer ungarischen Diözese. All diese Gründe leitete der Erzherzog an den Kaiser weiter.

Bischof Pyrker begab sich bis zur nächsten Audienz beim Kaiser zunächst in sein Kloster Lilienfeld. Dort verbrachte er einige ruhige Tage der Erholung.

Als der Tag der vereinbarten Audienz beim Kaiser kam, begab sich Bischof Pyrker wieder in die Wiener Hofburg. Der Kaiser empfing Bischof Pyrker sehr freundlich. Er sagte ihm, er habe von seinem Bruder erfahren, dass Bischof Pyrker nicht gerne nach Venedig gehe. Der Kaiser entpflichtete Bischof Pyrker daher von diesem Plan. Der Kaiser wünschte dem Bischof Pyrker, er solle nur recht gesund bleiben. Das Klima in der Zips sei ja schließlich sehr rau und kalt. Bischof Pyrker konnte beruhigt die Audienz verlassen. Seinen Freunden erzählte er mit Erleichterung, dass er doch nicht nach Venedig gehen müsse. Nur ein Hofrat aus dem Freundeskreis von Bischof Pyrker sprach offen aus: Der Kaiser habe Rücksicht genommen auf die Gesundheit von Bischof Pyrker. Sollte er jedoch zur Ansicht kommen, dass es nicht die Gesundheitsrücksicht, sondern die Sorge sei, dem Posten als Patriarch nicht zu entsprechen, so werde der Kaiser ihn wahrscheinlich trotzdem zum Patriarchen ernennen.

E. Patriarch von Venedig

50. Ernennung zum Patriarchen von Venedig

Beruhigt kehrte Bischof Pyrker von Wien in die Zips zurück. Er ging davon aus, dass seine Ernennung zum Patriarchen nicht mehr verfolgt wurde. Er nahm an der festlichen Amtseinführung des Fürst-Primas von Ungarn Mitte Mai 1820 teil. Anfang Juni begann er wieder, Pfarren in seiner Diözese Zips zu visitieren. Er spendete mehr als zehntausend Personen die Firmung. Da kam plötzlich ein kaiserlicher Eilbote bei ihm an. Pyrker öffnete das Schreiben des kaiserlichen Kanzlers und las es schnell durch. Er wurde dabei ganz bleich. Erschrocken stellte er fest, der Kaiser hatte ihn doch zum Patriarchen von Venedig ernannt. Mit Rücksicht auf Pyrkers schwache Gesundheit hat der Kaiser ihm auch eine Villa im Brenta-Tal, unweit von Venedig, zum Sommeraufenthalt zur Verfügung gestellt. Gleichzeitig übergab der Kaiser ihm zu den Einkünften des Venezianischen Patriarchalsitzes eine großzügige persönliche finanzielle Zulage. Allen seinen Bedenken, die er dem Kaiser vorgelegt hatte, waren damit ihre Grundlagen entzogen worden. Nun musste Bischof Pyrker, der am liebsten in Zips geblieben wäre, nachgeben und sich dem Befehl des Kaisers wider Willen beugen.

51. Begegnung mit dem Kaiser in Persenbeug

Der Kaiser hatte Bischof Pyrker noch wenige Wochen vor seiner Ernennung zum Patriarchen gesagt, ihn nicht zum Patriarchen zu machen. Daher suchte Pyrker nun dringend ein Gespräch mit dem Kaiser. Er reiste so schnell wie möglich zum Kaiser. Dieser hielt sich gerade nicht in Wien auf, sondern in seinem Schloss Persenbeug. Bischof Pyrker reiste über Melk bis nach Persenbeug. Nach seiner Ankunft in Persenbeug meldete sich Pyrker zu einem Gespräch beim Kaiser an. Als Kaiser Franz hörte, sein Freund Pyrker sei in Persenbeug, lud er ihn zum Mittagessen ein. Kurz vor dem Mittagessen traf Bischof Pyrker den

Oberstkämmerer und Vertrauten des Kaisers, Graf von Wrbna. Dieser flüsterte Pyrker zu, der Kaiser wisse es sehr zu schätzen, dass Pyrker durch seine Übersiedlung nach Venedig vieles opfere. Als Bischof Pyrker in den Speisesaal trat, kam ihm der Kaiser bereits entgegen mit den Worten „Sie müssen es mir schon verzeihen, dass ich Sie dennoch zum Patriarchen von Venedig ernannt habe; ich habe Sie dort nötig, und Sie werden sehen, es wird Ihnen recht gut gehen". Bischof Pyrker versicherte dem Kaiser, dass er für ihn überall hin gehen würde, sogar bis zum äußersten Winkel der Monarchie. Er fürchte nur, dass er den Erwartungen in Venedig nicht entsprechen werde. Daraufhin begann Kaiser Franz zu scherzen. Er machte sich lustig über das Gestikulieren der Italiener und empfahl dem Bischof Pyrker, einfach bei den Predigten mit den Händen zu sprechen. Die Kaiserin und die anwesenden Erzherzöge hatten dabei viel zu lachen. Dem designierten Patriarchen von Venedig, Johann Ladislaus Pyrker, blieb nun nichts anderes übrig: er nahm seine Berufung nach Venedig an.

52. Der Unfall

Am 1. Jänner 1821 brach der designierte Patriarch Johann Ladislaus Pyrker schweren Herzens von Zips auf, um Richtung Venedig zu ziehen. Die Reise würde über eine Woche dauern, wurde ihm gesagt. Doch sollte sie tatsächlich viel länger dauern. Es kam nämlich zu einem schlimmen Unfall. Am sechsten Tag seiner Reise mit der Kutsche, als sie etwa sieben Stunden vor Budapest war, stürzte die Kutsche plötzlich in den Straßengraben hinab. Die vier Pferde mit dem vorderen Gestell blieben oben auf dem Weg stehen. Der schwer bepackte Reisewagen dagegen, in dem sich der Patriarch Pyrker befand, stürzte in den Straßengraben hinab. Die Kutsche landete verkehrt, sodass sie auf ihrem eigenen Dach liegen blieb. Im Dach steckte der Kopf des Patriarchen, während das Sitzkästchen auf seinem Nacken lag und ihn immer tiefer hinunterdrückte. Der Patriarch war in höchster Lebensgefahr. Er drohte zu ersticken. Blitzschnell reagierten sein Sekretär und sein Diener. Sie zogen den Patriarchen an den Füßen. So konnten sie ihn aus der bedrängten Lage und schließlich aus der Kutsche herausziehen. Der Patriarch spuckte Blut. Ein Blutgefäß im Hals dürfte verletzt worden sein. Sein rechter Arm hing an seiner Seite herab. Später sollte es sich herausstellen, dass er sich das Schlüsselbein gebrochen hatte. Auch Schmerzen im Brustbereich plagten ihn. Er meinte, nun sei es um ihn geschehen. Man führte den Patriarchen an die Straße. Er setzte sich auf die schneebedeckte Erde nieder. Ein Bauer fuhr auf einem leeren Leiterwagen mit vier Pferden vorbei. Der Patriarch zeigte ihm die blutenden Hände und bat ihn darum, gegen eine gute Belohnung mitzuhelfen, den Reisewagen wieder aufzurichten. Der Bauer aber beachtete den blutenden Kirchenfürsten nicht, hieb auf die Pferde ein und fuhr im Galopp davon. Kurz danach kamen drei reisende Handwerksburschen. Sie waren hilfsbereite Menschen. Sie halfen mit, den Reisewagen aufzurichten. Eine Stunde brauchten sie, um den Wagen wieder betriebsbereit zu machen. Das Dach war ziemlich zertrümmert. Nun konnte die Reise weitergehen. Schritt für Schritt fuhren sie bei klirrender Kälte von neun Uhr vormittags bis fünf Uhr abends bis zum Ort Gödöllö. Dort nahm sie ein Arzt in seiner Hütte auf. Der Arzt legte dem Patriarchen einen ersten Verband an. Elf Tage sollte Pyrker in der Hütte dieses Arztes bleiben. Er litt furchtbar, erhielt aber die erste notwendige medizinische Versorgung. Auch ein Arzt aus Budapest kam herangereist, um dem Patriarchen zu helfen. Der Patriarch nützte die Zeit der Krankheit aber, um seine neuesten Gedichtverse zu diktieren.

53. Rekonvaleszent in Budapest und Wien

Der verletzte, aber ärztlich einigermaßen erstversorgte Patriarch Pyrker konnte nach elf Tagen Aufenthalt in Gödöllö nach Budapest gebracht werden. Sein dortiger Aufenthalt diente einer besseren medizinischen Versorgung und der Genesung. Er nützte auch dort die Zeit, um weitere Gedichtverse zu diktieren. Zunächst war es vorgesehen, dass er drei Wochen in Budapest verbleibe. Als es nach Wien weitergehen sollte, erkrankte er an einer Darmentzündung. Die Ursache war eine bis dahin nicht entdeckte Verletzung einer seiner Rippen. Er bekam Atemprobleme, die ihn an den Rand des Todes brachten. Erst durch wiederholtes Aderlassen verschwanden seine Probleme mit dem Atmen. Der Bereich der verletzten Rippe wurde ruhiggestellt. Nach insgesamt fünf Wochen Aufenthalt in Budapest reiste er mit dem Arzt, der ihn in Budapest behandelt hatte, nach Wien weiter. Dort hielt er sich mehrere Wochen auf, um wieder zu Kräften zu kommen, und um Vorbereitungen für sein neues Amt in Venedig zu treffen. Am 25. Februar 1821 überreichte ihm der Wiener Weihbischof Matthias

Steindl in einer feierlichen Liturgie im Wiener Stephansdom im Auftrag des Papstes das Pallium, das Zeichen der Verbundenheit zwischen dem Papst und den Metropoliten. Unter den Glück- und Segenswünschen seiner Freunde brach Patriarch Pyrker Anfang April von Wien Richtung Süden auf.

54. Der Laibacher Kongress

Bei seiner Reise nach Venedig machte Patriarch Pyrker auch in Laibach Station. Dort verhandelten Kaiser Franz von Österreich, Zar Alexander von Russland und Gesandte mehrerer europäischer Staaten beim sogenannten Laibacher Kongress im Frühjahr 1821 über die Zukunft Italiens. Ein Aufstand in Piemont und ein Putsch in Neapel sollten auf Ersuchen der betroffenen Könige niedergeschlagen werden. Patriarch Pyrker war mit diesen politischen Fragen nicht konfrontiert. Er war aber zugegen, als kurz nach seiner Ankunft in Laibach das Te Deum in der Kirche gesungen wurde: als Dank für den schnell und siegreich beendeten Krieg in Piemont.

Patriarch Pyrker begegnete in Laibach dem Zaren von Russland. Er traf mehrmals mit Kaiser Franz zusammen. In Laibach legte Patriarch Pyrker seinen Amtseid als Geheimer Rat in die Hände des Kaisers ab. Zweimal wurde Patriarch Pyrker in Laibach zur Tafel des Kaisers geladen. Dieser sprach während des ganzen Essens mit Pyrker über Venedig. Einige Anliegen flüsterte der Kaiser dem neuen Patriarchen diskret ins Ohr. Pyrker solle in Venedig ein Korrektionshaus für unverbesserliche Geistliche errichten. Und er solle sich für die Ernennung von Filippo Jappelli zum Bischof von Treviso einsetzen. Patriarch Pyrker erlebte diese Begegnungen als Momente großer Vertrauensbeweise durch Kaiser Franz.

55. Empfang und feierlicher Einzug in Venedig

Zwei Wochen vor Ostern kam Patriarch Pyrker gegen 10 Uhr abends in Venedig an. Mit einer Gondel war er zu seiner provisorischen Unterkunft gebracht worden, in das Seminar des Patriarchates bei der Kirche Santa Maria della Salute im Stadtteil Dorsoduro. Am nächsten Tag erhielt er Besuch von vielen offiziellen Würdenträgern Venedigs: vom Gouverneur und allen Regierungsräten, vom Senatspräsidenten, den Magistratsräten, dem Militärkommandanten und den Offizieren, vom Kommandanten des Arsenals, von Vertretern des venezianischen Adels und auch von den Vorstehern der jüdischen Gemeinde. Viele waren neugierig, wie der neue Patriarch sei. Patriarch Pyrker war sehr gut gelaunt. Er war selbst überrascht, dass er sich mit der italienischen Sprache sehr gut ausdrücken konnte.

Am Palmsonntag fand der feierliche Einzug des neuen Patriarchen im Markusdom statt. Die Prozession nahm in der Pfarrkirche San Moisè ihren Ausgang, führte über den Markusplatz und endete im Dom. Zahlreiche Gläubige fanden sich ein. Der Klerus und die höchsten zivilen und militärischen Autoritäten waren Zeugen seiner festlichen Installation.

Am Ostersonntag hielt Patriarch Pyrker seine erste italienische Predigt. Er betonte, ein Bischof oder Oberhirte dürfe nirgends als ein Fremder betrachtet werden, denn er müsse mit seiner ihm anvertrauten Herde geistig verwandt und verbunden sein. Er versprach, dem venezianischen Volk von jetzt an mit ganzer Seele anzugehören und es zu fördern mit all seiner Kraft.

56. Die Visitation

Nur fünf Wochen nach seinem feierlichen Einzug in Venedig begann der neue Patriarch, seine neue Diözese zu visitieren. Er wollte alles kennenlernen, die Pfarren und kleineren Kirchen in der Stadt und am Uferland. Oft wurde er mit einer Gondel transportiert, um die diversen Pfarren zu erreichen. Jeden Sonn- und Montag verbrachte Patriarch Pyrker auf Visitation. Die restlichen Tage wohnte er im heißen Sommer Venetiens auf seiner Villa an der Brenta. In Venedig war das schon viele Jahre nicht gewesen, dass der Patriarch die einzelnen Pfarren besuchte. Während der Visitation

musste der Pfarrer in Gegenwart des Patriarchen eine Predigt halten. Dann zelebrierte der Patriarch selbst die heilige Messe, erteilte manchmal das Sakrament der Firmung und prüfte die Kinder bezüglich des christlichen Unterrichts. Er schaute sich an, ob die Sakralgegenstände und die Paramente in Ordnung seien. Er kontrollierte auch die Tauf-, Hochzeits- und Sterbebücher. Manche Pfarrer arbeiteten im Vorfeld der Visitation Tag und Nacht, damit sie keinen schlechten Eindruck auf den Patriarchen machten. Noch 1821 konnte Patriarch Pyrker die Visitation seiner ganzen Diözese Venedig beenden und einen Bericht an den Kaiser senden. Johann Ladislaus Pyrker stellte in seinem Bericht vor allem fest, dass Venedig ökonomisch und sozial betrachtet in sehr schlechtem Zustand war. Der Patriarch wollte alles tun, was ihm möglich war, um Venedig zu helfen.

Er besuchte auch das Gebiet der zwei kleinen ehemaligen Diözesen Torcello und Caorle. 1818 waren diese beiden kleinen Diözesen aufgelöst und dem Patriarchat Venedig eingegliedert worden. In einer vierrudrigen gedeckten Barke fuhr er mit seinem Gefolge an Murano und Burano vorbei. Sieben Stunden fuhren sie in einem breiten Kanal zwischen zwei hohen Wänden von grünem Schilfrohr. Sie erreichten die Stadt Caorle, die damals aus ganz armseligen, aber sehr hohen Häusern bestand. Der Patriarch konnte bei einem der wohlhabenderen Leute Caorles, bei einem Apotheker, wohnen. Trotz der Armut der Leute ließen sie es sich nicht nehmen, abends nach der Ankunft ihr Dorf festlich zu illuminieren. Aus allen Fenstern leuchteten Öllampen. Mitten am Marktplatz brannte eine große Pyramide aus dürren Zweigen. Die Knaben und Männer hüpften um das Feuer herum und riefen „Evviva“. Dem Patriarchen war es peinlich, dass diese armen Leute für ihn ein so großes Fest gestalteten. Doch der Besuch des Patriarchen war für die armen Leute ein Lichtblick in ihrem grauen Alltag.

Johann Ladislaus Pyrker visitierte auch das Seminar bei der Kirche Santa Maria della Salute. Dort hatte er gleich im ersten Jahr seiner Amtszeit den Lehrplan erweitert. Er ordnete an, dass die Seminaristen neben den bisherigen Fächern Dogmatik, Moral und Pastoral auch die Fächer Kirchengeschichte, Kirchenrecht, Katechetik und Bibelwissenschaft studieren. Bei seiner Visitation des Seminars zeigte er sich bereits „soddisfattissimo“, „sehr zufrieden“.

Patriarch Pyrker stellte auch manche Klöster wieder her. Er rief die Kapuziner auf die Giudecca wieder zurück, die Oratorianer nach Santa Maria della Fava und die Barmherzigen Brüder nach San Servolo. Vielleicht weil er selbst Ordensmann war, unterstützte er besonders gern Ordensleute in seiner Diözese.

57. Die Einführung der Predigt in Venedig

In Venedig war zu Beginn des 19. Jahrhunderts das Predigen zu den Sonntagsgottesdiensten nicht üblich. Der neue Patriarch Pyrker konnte und wollte sich damit nicht abfinden. In Österreich und in den katholischen Gegenden Deutschlands war es allgemein Brauch, an Sonntagen um 6 Uhr morgens oder um 9 Uhr oder um 10 Uhr beim Pfarrgottesdienst zu predigen. Das ordnete der Patriarch Pyrker auch für die Pfarren seiner Diözese Venedig an. Er ließ Predigtbehelfe drucken und an die Pfarrer seiner Diözese austeilen. Doch bald regte sich Widerstand. Viele Pfarrer erklärten: das sei in Venedig nie Sitte gewesen. Der Patriarch Pyrker blieb bei seinem Befehl: Die Pfarrer sollten an jedem Sonntag predigen. Die Predigt müsse ein wesentlicher Teil des Gottesdienstes sein. Sie hätte sich an vielen Orten von großem Nutzen erwiesen. Besonders für die Gondolieri, für die Dienstboten und für die Menschen ohne andere Fortbildungsmöglichkeit sei sie von höchster Wichtigkeit. Nur ein Pfarrer, jener von San Silvestro, weigerte sich, die Predigt in seiner Pfarre einzuführen. Der Patriarch Pyrker drohte ihm die Suspension an. Erst da gab auch der Pfarrer von San Silvestro nach. Später wurde der Pfarrer von San Silvestro sogar einer der eifrigsten Prediger. Öfters dankte er dem Patriarchen für diese Reform. Die Leute von Venedig nahmen die Einführung der Predigt dankbar auf. Der aus der Fremde gekommene Patriarch rückte ihnen immer näher.

58. Der Pater Waldmeister

Ein junger Holzknecht des Stiftes Lilienfeld, der angeblich aus der Falkenschlucht nahe dem Markt Türnitz in der Gegend von Lilienfeld stammte, wurde im Rahmen seines Militärdienstes nach Venedig gesandt. Die jungen österreichischen Soldaten in Venedig mussten an militärischen Übungen teilnehmen und Wächterdienste übernehmen. Auch in ihrer Freizeit hatten sie Uniform zu tragen. Eines Tages wurde der junge Holzknecht aus der Lilienfelder Region in seiner militärischen Uniform Zeuge eines festlichen Einzugs des Patriarchen von Venedig in den Markusdom. Der Patriarch war in prächtige Gewänder gekleidet, er war umgeben von einer großen Assistenz zahlreicher Altardiener,

vieler Priester und einiger Domherren, alle in glänzende Gewänder gehüllt. Weihrauch und viele Kerzen wurden in der Prozession mitgeführt. Die Pracht der einstigen Dogen schien in der festlichen Prozession des Patriarchen nachzuwirken. Die Glocken des Campanile von San Marco läuteten. Tausende von Menschen jubelten dem Patriarchen zu und riefen „Evviva". Hüte und Tücher wurden zum Gruß des Patriarchen geschwenkt. Der Patriarch ging würdigen Schrittes durch die Menge, segnete die Menschen und grüßte sie mit anmutigem Kopfnicken.

Da erblickte der junge Soldat aus Lilienfeld plötzlich den Patriarchen. Er konnte seine Freude nicht fassen. Er rief laut im niederösterreichischen Gebirgsdialekt aus: „Jessas na, des is jo unser Pater Woidmaster!", auf hochdeutsch: „O Jesus nein, das ist ja unser Pater Waldmeister!".

Der Patriarch blieb stehen. Er suchte nach dem Rufer. Da entdeckte er ihn, der als kaiserlicher Soldat, groß von Gestalt, ganz verwundert den Patriarchen anschaute. Er kam ihm bekannt vor. Er nahm sich vor, ihn nach der Feier zu sich zu rufen. Vorerst zog er mit seiner Prozession würdevoll weiter.

Nach den Feierlichkeiten ließ Patriarch Pyrker den Kommandanten der österreichischen Truppen herbeirufen. Er fragte, ob unter den Soldaten ein Mann aus der Gegend von Lilienfeld sei. Wenn ja, dann solle dieser möglichst rasch in den Palast des Patriarchen kommen. Kurze Zeit später war der Holzknecht aus der Lilienfelder Region ausgeforscht. Er wurde in die Gemächer des Patriarchen gesandt. Der ansonsten nicht schüchterne, junge Soldat wurde etwas verlegen, als er den prächtigen Empfangssaal des Patriarchates betrat: mit den riesigen Spiegeln, herrlichen Gemälden, vergoldeten Rahmen und kunstvoll gewebten Teppichen.

Für den Patriarchen Pyrker war es eine große Freude, diesem jungen Mann aus der Lilienfelder Gegend zu begegnen. Patriarch Pyrker hatte in manchen Stunden große Sehnsucht nach den Alpen und erinnerte sich gerne an seine Zeit im Stift Lilienfeld. Er kannte die Familie dieses jungen Mannes persönlich. Er redete den jungen Soldaten leutselig an, sodass dieser seine Scheu verlor. Er fragte den jungen Soldaten über das Befinden von dessen Eltern und Geschwistern. Er fragte, wie es den Leuten in Türnitz gehe und was es Neues vom Stift

Lilienfeld gibt. Interessiert unterhielt er sich mit dem jungen Soldaten über vieles in der Lilienfelder Gegend. Er beschenkte ihn mit einem Goldstück und ließ ihm eine ausgiebige Jause in der Patriarchen-Küche servieren.

Der Soldat, der nach seinem Militärdienst wieder als Holzknecht in den Wäldern des Stiftes Lilienfeld arbeitete, konnte dieses Erlebnis sein ganzes Leben lang nicht vergessen. Immer wieder erzählte er davon, bei den Holzknechten in den Lilienfelder Wäldern, bei seinen Verwandten und Bekannten, vor Priestern und Gemeindepolitikern. Auch der Abt von Lilienfeld ließ sich diesen Moment von ihm genau schildern. Für diese alle war es schön zu hören, dass der Patriarch von Venedig den Holzknecht aus der Gegend von Lilienfeld so herzlich empfangen hat.

59. „Er gehört zu uns" („È nostro")

Patriarch Pyrker litt darunter, dass er in Venedig eigentlich Ausländer war. Er sprach zwar gut Italienisch, aber es war nicht seine Muttersprache. Er stammte aus dem Land, das in Venedig als Fremdherrschaft regierte. Auch wenn es Napoleon war, der die Republik Venedig beendet hatte, so war nach dem Wiener Kongress auch die neue Fremdherrschaft, nämlich Österreich, in Venedig nicht gern gesehen. Patriarch Pyrker wollte aber ein Hirte für seine ihm anvertrauten Leute sein. Er suchte den Kontakt mit den Leuten und bereiste das ganze Patriarchat. Wenn er eine Pfarre visitierte, sprach er gerne auch mit den Kindern. Die Pfarrer oder Katecheten stellten dabei in Anwesenheit des Patriarchen den Kindern Fragen zum Katechismus. Oft fragten sie dabei die älteren Mädchen und Knaben, weil sie mehr wussten als die Kleinen. Da unterbrach der Patriarch Pyrker mehrmals die Befragung und suchte sich selbst Kinder aus, die ihm die Fragen öffentlich beantworteten. Er suchte dabei meistens die Kleinsten, deren feurig glühende Augen ihm verrieten, dass sie die richtige Antwort wüssten. Und tatsächlich irrte der Patriarch selten dabei. Er fand mit seiner Methode des Augen Beobachtens fast jedes Mal diejenigen, die die Antwort wussten. Nach erhaltener Antwort strich er ihnen über die Wangen und lobte sie. Das entzückte vor allem die Mütter aus Venedig. Es gefiel ihnen, dass der Patriarch mit ihren Kindern sprach. Sie stiegen mit ihren kleinen Kindern sogar auf Bänke, um dem

Patriarchen beim Reden mit den Kindern zuzusehen. Sie weinten aus Rührung und lachten aus Freude über den herzlichen und achtsamen Umgang des Patriarchen mit den Kindern. Auf diese Weise eroberte er sich die Herzen vieler Venezianer. Immer häufiger sagten sie über den Patriarchen: „È nostro". „Er gehört zu uns". Und sie riefen: „Sias tu benedetto da Dio", „Sei gesegnet von Gott".

60. Reichtum und Kunst

Vielen Venezianern gefiel am Patriarchen Pyrker, dass er große Bewunderung für die venezianische Kunst aufbrachte, vor allem für Tizian. Pyrker berührte damit die Würde, die die Venezianer über so viele Jahrhunderte ausgezeichnet hatte. In den letzten Jahren hatte die Würde Venedigs durch die Fremdherrschaft der Franzosen und Österreicher stark gelitten. Patriarch Pyrker war es ein Anliegen, Venedigs Bedeutung im Bereich der Kunst oft hervorzuheben.

Pyrker verdiente als Patriarch durch Vermittlung des Kaisers jährlich 36.000 Gulden. Er bekam damit so viel wie ein ungarischer Bischof der damaligen Zeit. Er verdiente damit aber viel mehr als seine Vorgänger am venezianischen Patriarchenstuhl. Mit diesem Geld konnte er Gebäude und Personal, Reisen und seinen Unterhalt leicht finanzieren. Mit diesem Geld förderte er aber auch viele Künstler und setzte sich für sozial schwache Menschen ein.

Der Kaiser hatte ihm die Villa Giovanelli an der Brenta übergeben, wo sich der Patriarch gerne wegen des dort angenehmeren Klimas aufhielt. Die Villa an der Brenta liegt zwischen Venedig und Padua. Pyrker kaufte gute Wagenpferde, die seine Reise zur Villa leichter gestalteten. In Venedig stand ihm eine Gondel zur Verfügung, die auch zum Repräsentieren geeignet war.

Als wohlhabender Mann konnte Patriarch Pyrker nun Kunst in Italien großzügig fördern. Er interessierte sich sehr für italienische Kunst, was ihn in Venedig angesehen machte. Drei Gemälde hielt er persönlich für die schönsten Gemälde der Welt: die Verklärung Raphaels, den heiligen Hieronymus des Correggio und die Assunta von Tizian.

61. Besuch in Mailand und Parma

Patriarch Pyrker gönnte sich nach mehreren Wochen der Visitation eine Reise nach Mailand. Er wollte sich bei Erzherzog Rainer, dem Vizekönig von Lombardo-Venetien, das erste Mal als Patriarch präsentieren. Sechs Tage hielt er sich in Mailand auf und nutzte den Aufenthalt auch, um sich die Sehenswürdigkeiten der Stadt anzusehen. Er bestieg den höchsten Punkt des Domes und schaute sich unter anderem die Bildergalerie in der Akademie alla Brera an. Auch die Eiserne Krone in Monza nahm er in Augenschein. Bei der Rückreise suchte er Parma auf. Die dortige Großherzogin Marie Louise hatte ihn einst in Lilienfeld für mehrere Tage besucht. Jetzt konnte er Marie Louise in Parma treffen. Als sie hörte, dass Patriarch Pyrker in Parma war, kam sie sofort von ihrem Schloss Colorno in die Stadt. Sie ließ den Patriarchen Pyrker von seiner Unterkunft mit einem Hofwagen zum Abendessen abholen. Den Hofwagen durfte er auch am nächsten Tag verwenden, als er sich die verschiedenen Sehenswürdigkeiten Parmas ansah. Marie Louise zeigte ihm in einem ihrer Zimmer einen Kupferstich mit seinem Porträt.

62. Der Brand im Dogenpalast

Patriarch Pyrker hatte in Venedig seine Wohnung in einem Teil des Dogenpalasts. Er erlebte dadurch aus nächster Nähe, wie mit diesem prächtigen Gebäude umgegangen wurde. Es ärgerte ihn immer wieder, dass die französische Regierung unter Napoleon verschiedene zivile Behörden in den herrlichen Sälen des Dogenpalastes untergebracht hatte. Dadurch waren die großen Meisterwerke von hervorragenden Malern regelmäßig dem Kerzen- und Lampenrauch ausgesetzt. Aber auch Feuersgefahr bestand erheblich, aufgrund der vielen Öfen, die dort in den kostbaren Sälen aufgestellt worden waren. Eiserne Ofenrohre führten den Rauch durch die durchbohrten Wände in das Freie.

Eines Nachts, gegen elf Uhr, wurde plötzlich Feueralarm gegeben. Patriarch Pyrker ergriff seinen Mantel und Hut. Er eilte durch den Bankett-Saal (Sala dei Banchetti), der seiner Wohnung als Vorsaal diente. Auf der Treppe traf er einen Domherrn, der ihm zeigte, wo es genau brannte. Unter dem Saal des Großen Rates (Sala del Maggior Consiglio) sei ein Feuer ausgebrochen.

Patriarch Pyrker kam endlich ins Freie. Von dem Stockwerk, in dem der Brand wütete, riefen Leute: „Wasser! Wasser!“. Viele Leute schauten zu, klagten oder kritisierten. Kaum aber jemand ging daran, Hand anzulegen, um Wasser zu holen. Der Oberst eines Regiments kam mit seinen Soldaten herbei und nahm auf dem Platz vor dem Dogenpalast Aufstellung. Patriarch Pyrker bat ihn mehrmals, die Soldaten zum Löschen einzuteilen. Der Oberst betonte, dass das

Militär sich bei Zivilgebäuden nicht einmischen dürfe. Patriarch Pyrker verlor die Geduld, nahm die Verantwortung auf sich und ging daran, den Soldaten Befehle zum Löschen des Dogenpalastes zu erteilen. Zuerst ließ er die Soldaten ihre Gewehre und Patronentaschen unter den Arkaden in Sicherheit bringen. Er gab die Anweisung, dass sich die Soldaten vom Palast bis zur nahen Lagune in eine Reihe aufstellten. Mit herbeigeschafften Gefäßen begannen sie, das Wasser von der Lagune von Hand zu Hand weiterzureichen, über eine Leiter zum betreffenden Raum zu bringen und die Feuerstelle im Dogenpalast zu bekämpfen. Nach einer halben Stunde kam auch ein Offizier aus dem Arsenal mit ein paar Feuerspritzen und mehreren Soldaten. Patriarch Pyrker war ganz erregt. Er machte ihm Vorwürfe für seine Langsamkeit. Weil der Offizier den Patriarchen im Dunkeln nicht erkannte, antwortete er dem Patriarchen ziemlich derb. Er erschrak, als er später den Patriarchen erkannte, wälzte aber die Schuld für sein spätes Kommen auf andere ab.

Um ein Uhr nach Mitternacht war das Feuer gelöscht. Die Gefahr war beseitigt. Die Evakuierung der vom Brand bedrohten Bibliothek des Dogenpalastes konnte wieder eingestellt werden.

63. Vorkehrungen zum Schutz des Dogenpalasts

Am Tag nach dem Brand im Dogenpalast verfasste Patriarch Pyrker für Kaiser Franz einen langen Bericht über das Ereignis. Er bat den Kaiser, die Behörden aus dem Dogenpalast zu entfernen und in anderen Gebäuden unterzubringen. Er verwies auf die herrlichen Meisterwerke aus mehreren Jahrhunderten, die im Dogenpalast untergebracht waren. Eine Zerstörung dieser Kunstwerke wäre ein entsetzlicher Verlust. Durch ganz Europa würde ein Schrei gegen die österreichische Regierung gehen, wenn ein Brand diese herrliche Kunst zerstören würde. Er konnte dem Kaiser auch ganz konkrete Vorschläge machen, wo welches Büro hinwandern könnte.

Bald danach ließ der Kaiser von Wien aus an die Stadtregierung von Venedig den Befehl erteilen, dass alle Öfen aus dem Dogenpalast zu entfernen seien. Er befahl, die Behörden in anderen Gebäuden unterzubringen und betonte, dass diese Anordnungen möglichst rasch umzusetzen seien. Patriarch Pyrker hielt es allerdings geheim, dass er dem Kaiser diese Weisung nahegelegt hatte.

Erst als Kaiser Franz nach Venetien kam, sprach der Kaiser dieses Ereignis im Kreis einiger hoch gestellten Personen an. Kaiser Franz erklärte ihnen in Anwesenheit von Patriarch Pyrker: „Wissen Sie, wem Sie es zu verdanken haben, dass der Dogenpalast von nun an vor Feuersgefahr sicher sein wird?“. Der Kaiser zeigte daraufhin auf den Patriarchen Pyrker und sagte: „Dem da“. Er fügte hinzu: „der hat mir einen scharfen Brief geschrieben“ („M’ha scritto una lettera forte!“).

64. Patriarch Pyrker und Antonio Canova

Der italienische Künstler Antonio Canova war einer der wichtigsten Bildhauer des italienischen Klassizismus. Er verbrachte den Großteil seines Lebens in den Städten Venedig und Rom. Er war um 14 Jahre älter als Patriarch Pyrker.

Im ersten Winter, den Patriarch Pyrker in Venedig verbrachte, also im Winter 1821/22, kam eines Abends Antonio Canova zusammen mit dem Präsidenten der venezianischen Akademie der bildenden Künste, Graf Leopoldo Cicognara, zum Patriarchen Pyrker. Sie führten ein angeregtes Gespräch über Kunst bis gegen Mitternacht. Der Patriarch erzählte dem Künstler Canova, dass er nächstes Jahr Rom besuchen wolle. Bei dieser Gelegenheit würde er gerne auch Canova in dessen römischer Werkstatt besuchen. Canova freute sich darüber und versprach dem Patriarchen lächelnd, er werde ihm bis zu seiner Ankunft in Rom einen kleinen heiligen Johannes den Täufer, den Namenspatron des Patriarchen, aus Marmor von Carrara anfertigen. Der Patriarch freute sich über dieses Versprechen des großen Canova.

Doch wenige Monate später, im Oktober 1822, verstarb Antonio Canova in Venedig. Patriarch Pyrker feierte für Canova im Markusdom das feierliche Requiem. Der Leichnam von Canova wurde danach in die Akademie gebracht, wo Graf Cicognara vor großem Publikum eine Gedenkrede hielt.

Der Leichnam Canovas wurde dann nach Possagno, in den Heimatort Canovas gebracht, um dort begraben zu werden. Einige Mitglieder der Akademie von Venedig ließen heimlich das Herz vom Leichnam des Canova herausschneiden und wollten es in eine schöne porphyrne antike Vase setzen und diese in einem der Säle der Akademie in einer Nische mit der Inschrift „Cor Magni Canovae“ aufstellen. Patriarch Pyrker hielt dieses Vorgehen aber für geschmackslos und unwürdig. Später wurde Canova in der venezianischen Kirche dei Frari ein Denkmal gesetzt, das nach Entwürfen von Canova für ein Tizian-Denkmal entstand. Dort fand die Urne mit dem Herzen Canovas ihre letzte Ruhestätte. Diese Lösung gefiel dem Patriarchen Pyrker und allen daran Beteiligten.

65. Die Reise nach Rom

In der Osterwoche 1823 brach Patriarch Pyrker in Gesellschaft des jungen Abtes Antonio Rosmini aus Rovereto nach Rom auf. Die Reise dauerte fünf Tage lang. Sie reisten über Ferrara, Bologna, Senigallia, Ancona, Loretto, Tolentino und Foligno nach Rom. Abt Rosmini war ganz erstaunt, dass der Patriarch alles links und rechts auf der Fahrt beobachtete, darüber sprach und dennoch immer wieder an seinen Dichtungen weiterschrieb. Endlich kamen sie in der ewigen Stadt an. Dort sollten sie etwa einen Monat verweilen.

Gleich am ersten Morgen nach seiner Ankunft ging Patriarch Pyrker zum kaiserlich-königlichen Botschafter Graf Apponyi. Dieser sollte ihn bei der Kontaktaufnahme zu verschiedenen Persönlichkeiten Roms unterstützen.

Danach besuchte er das erste Mal in seinem Leben die Peterskirche. Er war überwältigt beim Betreten dieses gewaltigen Domes. Dieses Bauwerk übertraf all seine Vorstellungen, die er sich davon gemacht hatte. Er besuchte den Petersdom während seines Rom-Aufenthaltes immer wieder. Insgesamt suchte er ihn siebenmal auf, und zwar zu verschiedenen Stunden des Tages. Einmal besuchte er ihn auch kurz vor Nachteinbruch, als er gerade geschlossen wurde. Einmal stieg er auch auf die höchst ersteigbare Höhe des Petersdomes hinauf. Den Vatikan mit seinen Kunstschätzen besuchte er viermal. Besonders beeindruckte den Patriarchen die berühmte Verklärung Raphaels.

Er schaute sich mehrmals das Kolossäum an, sowohl bei Tageslicht als auch bei Mondschein. Auch das Pantheon suchte er mehrmals auf. Er durchwanderte die Katakomben außerhalb der Stadtmauern. Er besuchte noch die ursprüngliche antike Kirche Sankt Paul außerhalb der Mauern, die nur drei Monate später durch einen verheerenden Brand zerstört, später aber wieder aufgebaut werden sollte.

Er machte einige Ausflüge auch in die Umgebung von Rom, nach Frascati, Tivoli, Castel Gandolfo und Albano. Auf seinen täglichen Ausflügen begleiteten und führten ihn Adolf Weißenburg, ein Architekt und Archäologe aus Norddeutschland, der einige Jahre in Rom lebte, und der Dichter Friedrich Müller. Auch der venezianische Theologie-Professor Placido Zurla, der später Kardinal wurde, begleitete ihn bei manchen seinen Touren.

Auch wenn er die meiste Zeit seines Rom-Aufenthaltes für die Besichtigung der Sehenswürdigkeiten nutzte, hatte er genug Zeit, mit hohen Persönlichkeiten für einen gegenseitigen Gedankenaustausch zusammenzutreffen. Tatsächlich kamen durch Vermittlung des Botschafters Graf Apponyi Treffen des Patriarchen Pyrker mit dem Kardinal-Staatssekretär Ercole Consalvi und mit dem Dekan des Kardinal-Kollegiums, Graf Giulio Maria della Somaglia, zustande. Außerdem machte der Patriarch innerhalb von wenigen Tagen seine Aufwartung bei weiteren 32 Kardinälen. Den Kardinal Francesco Castiglioni, der später als Papst Pius VIII. in die Geschichte einging, besuchte Patriarch Pyrker mehrmals. Auch den Abt des Kamaldulenser-Klosters San Gregorio, Don Mauro Cappellari, den späteren Papst Gregor XVI., suchte er einige Male auf und erfuhr dessen großes Wohlwollen. Aber auch den damals regierenden Papst, Pius VII., konnte Patriarch Pyrker mehrmals treffen. Die Begegnungen mit Papst Pius VII. beeindruckten Pyrker sehr.

66. Begegnungen mit Papst Pius VII.

Viermal in jenen Wochen empfing Papst Pius VII. den Patriarchen Pyrker. Dabei saß Pyrker jedes Mal über eine Stunde an der Seite des Papstes. Sie hatten die interessantesten Gespräche. Der Papst nahm immer wieder den Patriarchen an die Hand, während er über sein eigenes ereignisreiches Leben erzählte.

Johann Ladislaus Pyrker erwähnte, dass er manches über die erste Besetzung Roms durch den französischen General Miollis gehört habe. Er fragte den Papst, ob sich das wirklich so zugetragen habe, wie er es gehört habe. Papst Pius VII. begann dann, genau zu schildern, wie es damals war, als die französischen Truppen in Rom lagerten. Papst Pius VII. erzählte, dass General Miollis den Papst aufforderte, der weltlichen Herrschaft zu entsagen. Weil der Papst das abwies, ließ der General mehrere Kanonen vor die Fenster des Papstes auffahren und gegen den Palast richten. Papst Pius ließ daraufhin seine Fensterbalken zuziehen, nicht aus Angst, sondern um zu zeigen, dass er diese Bedrohung nicht beachte. Einige Tage später trat General Miollis wieder vor den Papst. Er beteuerte dieses Mal, dass er ein guter Katholik sei und er bezeugte dem Papst mit langen Reden höchste Verehrung und Ehre. Papst Pius VII. nahm den General dann

am Arm, führte ihn zur Tür und sagte ihm dort: er wisse, was diese Ehrfurchtbezeugungen wert seien. Ein Beweis davon sei, dass er die Kanonen gegen seine Fenster hat richten lassen. Er wünsche wohl, dass er ein guter Katholik sei, wie er es von sich gerühmt hatte. Er werde Gott für ihn bitten. Dann machte er ein Kreuz über den General und öffnete ihm die Tür. Alle, die im Vorsaal waren, bemerkten, dass der General ganz verstört herauskam.

Papst Pius VII. vertraute dem Patriarchen Pyrker auch an, dass er beim Transport in einer Sänfte durch französische Grenadiere Richtung Frankreich sehr krank geworden, ja dem Tod nahe gewesen sei. Als er über den Berg Simplon getragen wurde, fühlte er sich besonders schwach. Im Markt Simplon angekommen, stellten ihn die Grenadiere mitsamt der Sänfte in eine Wagenremise und sperrten sie zu. Doch plötzlich kam von hinten eine alte Frau zu ihm und brachte ihm weinend Essen.

Papst Pius VII. erzählte dem Patriarchen viel von Napoleon. Der Patriarch hatte den Eindruck, dass Pius VII. gerne von Napoleon sprach. Als Napoleon aus dem verheerenden Russland-Feldzug nach Fontainebleau zurückkam, lag Papst Pius VII. gerade krank darnieder. Napoleon ging zum Bett des Papstes und schilderte ihm seine Niederlagen. Auch Geistliches besprachen sie. Wenn der Papst dem Kaiser widersprach, stampfte Napoleon wütend auf den Boden. Doch gleich danach fing er sich wieder und war wieder freundlich. Papst Pius VII. sah neben den Kriegen und üblen Taten Napoleons auch das Gute im Menschen Napoleon und sagte über ihn: „Era in fondo un buon uomo!“, „Er war im Innersten ein guter Mensch!“.

Patriarch Pyrker fragte Papst Pius VII. auch, ob es wahr sei, dass der einstige Patriarch von Venedig, Federico Maria Giovanelli, kurz vor seinem Tod zu ihm auf die Insel San Giorgio Maggiore gekommen sei, sich erblindet vor ihm niedergekniet habe und ihm die Wahl zum Papst im Voraus prophezeit hätte. Papst Pius VII. antwortete: „Nein, nein, so war es nicht; er äußerte nur wiederholt den Wunsch, dass die Wahl auf mich fallen möge“.

Als Patriarch Pyrker sich schließlich für immer von Papst Pius VII. verabschiedete, gestand der Patriarch dem Papst voll Rührung, wie glücklich er sich schätze, dass er ihm persönlich Verehrung habe bezeugen können. Da erhob sich der Papst von seinem Armstuhl, breitete seine Hände über den Patriarchen aus und sagte: „Auch mich freut ihre Bekanntschaft sehr. Geben sie mir einen Kuss – wir sind ja Brüder!", „Mi dia un bacio – siamo fratelli". Pyrker fragte sich: „Wie meint der Papst das? Sind wir Brüder, weil wir beide Bischöfe sind, oder weil wir beide Klostergeistliche sind?". Dann wurde ihm aber bewusst: „Wir sind beides". Mit Tränen in den Augen verabschiedete sich Patriarch Pyrker vom greisen Papst. Etwa drei Monate später verstarb Papst Pius VII. in Rom.

67. Die Begnadigung der Carbonari

Die Carbonari bildeten im 19. Jahrhundert einen weit verbreiteten Geheimbund in Italien, der für die Einigung Italiens kämpfte. Als Patriarch Pyrker kurz vor seiner nächsten Abreise Richtung Österreich mit dem Präsidenten des Kriminalgerichts von Venedig, dem Grafen von Gardani, zusammenkam, beklagte sich dieser Graf von Gardani darüber, dass für viele Carbonari in Lombardo-Venetien so lange schon kein Endurteil gesprochen worden sei. So viele seien beschuldigt und wüssten nicht, wie es mit ihnen weitergehen werde. Halb Mailand stehe in Trauer, weil so viele Leute ihren Gatten oder ihren Bruder oder ihren Sohn im Kerker hätten. Die lange Ungewissheit würde den Jammer nur noch verschlimmern. Graf von Gardani bat den Patriarchen Pyrker, beim Kaiser ein gutes Wort einzulegen, damit diese vielen Gefangenen entweder verurteilt oder freigelassen werden. So würde Ruhe für viele eintreten, die an dieser langgezogenen Ungewissheit nur sinnlos gequält würden.

Diese Worte machten auf den Patriarchen einen tiefen Eindruck. Als Patriarch Pyrker dann nach Wien kam, traf er zunächst mit Erzherzog Karl zusammen. Patriarch Pyrker fragte Erzherzog Karl, ob es Sinn mache, mit dem Kaiser über eine mögliche Amnestie der vielen gefangen genommenen Carbonari zu sprechen. Erzherzog Karl ergriff die beiden Hände des Patriarchen, drückte sie heftig und sagte ihm: „Oh, tun Sie es, der Himmel wird es Ihnen lohnen!". Patriarch Pyrker war überrascht. Er dachte sich, wenn nicht einmal der Bruder des Kaisers mit dem Kaiser darüber zu sprechen wagt, wie sollte er es dann wagen. Am kommenden Tag war die Audienz beim Kaiser. Nachdem Patriarch Pyrker dem Kaiser über die Diözesan-Angelegenheiten von Venedig berichtet hatte, wandte er sich mit einem flehenden Blick an den Kaiser und sagte, er bitte um Verzeihung, dass er noch ein Thema ansprechen wolle, das nicht direkt zu seiner

Amtstätigkeit gehört. Der Kaiser sah den Patriarchen etwas befremdet und schweigend an. Dann trug ihm der Patriarch all das vor, was ihm der Präsident des Kriminalgerichts von Venedig anvertraut hatte. Der Kaiser ging dabei mit gesenktem Haupt und die Hände am Rücken gefaltet vor dem Patriarchen auf und ab, ohne ein Wort zu sagen. Am Schluss sagte Patriarch Pyrker dem Kaiser, er wisse, dass der Kaiser schon lange eine Reise nach Mailand vorhabe, sie aber immer wieder wegen ungünstiger Vorfälle verschoben habe. Wenn nun aber der Kaiser eine Amnestie erlassen würde, so könnten die ganze Lombardei und besonders Mailand ihn mit einem großen Jubel empfangen. Der Kaiser wandte sich rasch zum Patriarchen hin und sagte: „Nun – ich werde es probieren". Dann verabschiedete er sich vom Patriarchen und sagte: „Addio, ich hoffe, Sie im künftigen Jahr wiederzusehen".

Bald nach seiner Rückkehr in Venedig erkundigte sich der Präsident des Kriminalgerichts beim Patriarchen, ob er beim Kaiser etwas hat erreichen können und ob es diesbezüglich demnächst einen allerhöchsten Beschluss gebe. Patriarch Pyrker antwortete: „Ich hoffe es!". Graf von Gardani zuckte traurig mit den Achseln und ging wieder. Doch etwa vierzehn Tage später kam er mit leuchtenden Augen zum Patriarchen und rief: „Die Amnestie ist erfolgt – ganz so, wie es gewünscht ward". Er war außer sich vor Freude. Und bald jubelten Tausende Italiener dem Kaiser zu, als er im Juni 1825 nach Mailand kam. Sie waren überglücklich, dass der Kaiser so vielen Gefangenen die Amnestie hat schenken lassen. Patriarch Pyrker freute sich mit ihnen, vertraute sein Zutun daran aber nur seiner Autobiographie an.

68. Der Kaiser auf Besuch in Lombardo-Venetien

Kaiser Franz und seine Gattin Karoline Auguste reisten im Juni 1825 zunächst nach Mailand. Das Kaiserpaar wurde dort freudig empfangen. Große Festlichkeiten fanden zu ihren Ehren statt. Nach sechs Monaten Aufenthalt in Mailand reiste das Kaiserpaar Richtung Venedig ab. Es stieg zunächst in Stra in der Villa

Pisani ab. Diese Villa ist das stattlichste Gebäude unter den Villen am Brentakanal. Sie bildet einen wunderschönen Palast, der während der österreichischen Herrschaft in Venetien dem Kaiserhaus zur Verfügung stand.

Die Villa Giovanelli, die dem Patriarchen Pyrker als privater Erholungsort diente, war nur eine halbe Stunde von der kaiserlichen Villa Pisani entfernt. Gleich am Tag nach der Ankunft des Kaisers in der Villa Pisani ließ der Kaiser den Patriarchen Pyrker zum Mittagessen in die Villa Pisani laden. Bei dieser Begegnung bezeugte der Kaiser dem Patriarchen mehrfach seine Anerkennung und sein Wohlwollen. Patriarch Pyrker nutzte die Situation, um sich in verschiedenen Anliegen für seine Venezianer beim Kaiser einzusetzen.

Einige Tage später sollte der Einzug des Kaisers in Venedig erfolgen. Es war geplant, dass dem Kaiser abends mehrere hundert Barken und Gondeln, die festlich geschmückt und mit Musikern besetzt waren, von Venedig aus entgegenfuhren. Es trat allerdings ein furchtbarer Sturm auf, sodass dieser glänzende Empfang des Kaisers verschoben werden musste. Der Kaiser blieb einstweilen in Mestre, wo er sich eine Verkühlung zuzog und diese dann noch auskurieren musste.

Einige Tage später fand zu abendlicher Stunde dann doch der festliche Einzug des Kaisers in Venedig statt. Der Markusplatz und der Markusdom waren festlich beleuchtet, außerdem die Palladiani-Bauwerke, San Giorgio Maggiore, Santissimo Redentore und die Kirche Santa Maria della Salute. Das alles sah herrlich aus. Außerdem wurde eine Regatta, das heißt eine Gondelwettfahrt, glanzvoll aufgeführt.

Der Kaiser gewährte während seines Aufenthaltes in Venedig auch eine öffentliche Audienz. Kurz bevor die öffentliche Audienz begann, traf Patriarch Pyrker mit dem Kaiser zusammen. Der Patriarch äußerte sein Mitgefühl gegenüber dem Kaiser, der doch kaum genesen wäre und schon eine anstrengende öffentliche Audienz vornehme. Bereits über 200 Personen warteten im Vorsaal. Diese Audienz würde sicher bis gegen Mitternacht dauern und seine Kräfte völlig erschöpfen. Der Kaiser antwortete dem Patriarchen lächelnd: „Je nun, das ist nun einmal mein Brot!“. Der Patriarch empfahl dem Kaiser, sich wenigstens während der Audienz zu setzen. Mit komischem Blick gab der Kaiser dem Patriarchen darauf zur Antwort: „Oh, da brächte ich sie gar nicht an, sie würden gar nicht aufhören zu schwätzen". So aber könne er sie leichter auch wieder loswerden.

Während des Aufenthalts des Kaisers in Venedig kam eines Morgens der Polizeidirektor voll Hast zum Patriarchen, wies auf seine linke Brust und fragte, ob der Patriarch es schon wisse: der Kaiser habe den Patriarchen durch ein Handbillet zum Ritter der eisernen Krone erster Klasse ernannt. Patriarch Pyrker eilte sofort zum Palast, um dem Kaiser und dem Vizekönig, Erzherzog Rainer, zu danken. Der Kaiser antwortete freundlich: „Nu, wenn Sie es nicht verdienten – wer denn sonst?". Am nächsten Tag fand die festliche Übergabe des Ritterkreuzes der eisernen Krone erster Klasse an Pyrker statt. Der Kaiser lobte öffentlich den Patriarchen für seine Großtaten und küsste ihn, der seine Rührung nicht verbergen konnte, auf die Wangen.

69. Intervention für den Grafen Giorgio Guido Pallavicino-Trivulzio

Als Graf Pallavicino 25 Jahre alt war, schloss er sich den Carbonari an. Er nahm an Aufständen der Carbonari in Piemont teil. Österreichische Soldaten verhafteten viele Carbonari, auch den jungen Grafen. 1821 wurde er in Venedig zum Tode verurteilt. Kaiser Franz ließ das Todesurteil mancher Carbonari, auch das des Grafen Pallavicino, in mehrjährige Festungshaft im berüchtigten Gefängnis Spielberg umwandeln. Wegen guter Führung durfte Graf Pallavicino nach einigen Jahren in die Veste Laibach wechseln, wo er aber weiterhin ständig mit Ketten gefesselt war. Seine Tante, die Gräfin Thurn, war tief betrübt über das Schicksal ihres Neffen. Vor allem war sie sehr besorgt, weil ihr Neffe, Graf Pallavicino, durch die Ketten in seinem Gefängnis in seiner Bewegungsfreiheit grausam eingegrenzt war. Sie wandte sich an den Patriarchen Pyrker, ob er sich nicht im Namen der Menschlichkeit für ihren Neffen einsetzen könne. Patriarch Pyrker nahm dieses Anliegen sehr ernst. Durch seine Verbindungen zu höchsten Kreisen erreichte er, dass dem jungen Graf Pallavicino im Gefängnis von Laibach zumindest die Ketten abgenommen wurden.

Einige Jahre später, als der Graf Pallavicino durch eine Amnestie auch aus der Haft entlassen worden war, begegnete er in Karlsbad dem Patriarchen Pyrker. Er hatte erfahren, dass dieser ihm die große Erleichterung während seines Aufenthaltes in Laibach erwirkt hatte. Er zeigte dem Patriarchen seine große Dankbarkeit.

70. Rückerstattung der Güter des Armenfonds

In Venedig bestand seit langer Zeit ein Armenfonds. Er hatte in der Zeit der Venezianischen Republik unter der Herrschaft der Dogen ein umfangreiches Vermögen in Geld und Gütern gestiftet bekommen. Der Armenfonds half mit diesen Mitteln zahlreichen Armen. Unter der Herrschaft von Napoleon wurde das Vermögen des Armenfonds eingezogen. Napoleon ließ aber jedes Jahr eine Summe auszahlen, zur Unterstützung der diversen sozialen Institutionen der Stadt Venedig. Dieses Geld reichte aber bei weitem nicht aus, um die Armen der Stadt einigermaßen zu versorgen. Im Jahr 1816 wurde die Kommission für Öffentliche Wohltätigkeit (Commissione di Pubblica Beneficenza) gegründet, um das fehlende Geld für die Armen aufzutreiben. Sie sollte auch dazu beitragen, die lästige Straßenbettlerei zu verringern. Diese Kommission bestand aus dem Patriarchen, der als Präsident fungierte, dem Bürgermeister (Podestà), der als Vizepräsident mitwirkte, und noch zehn anderen aus den ersten Familien des Landes (wie der Contarini, Gradenigo, Renier, Erizzo, Giovanelli usw.). Außerdem waren zwei Mitglieder aus dem Handelsstand dabei, zwei Rechtsanwälte und ein Sekretär. Sie versuchten gemeinsam Geld aufzutreiben, um den Armen von Venedig zu helfen.

1825 galt ungefähr die Hälfte der Bevölkerung von Venedig als unterstützungsbedürftig. Dadurch war die Aufgabe der Wohltätigkeitskommission besonders umfangreich und schwierig. In dieser Situation wandte sich Patriarch Pyrker hilfesuchend an den Kaiser. Er überreichte dem Kaiser in einer privaten Unterredung eine Bittschrift und eine genaue Übersicht über die unterstützungsbedürftige Bevölkerung. Er bat den Kaiser, der Wohltätigkeitskommission als Rechtsnachfolgerin des Armenfonds die Besitztümer wiederzugeben, die der Armenfonds vor der französischen Herrschaft besessen hatte.

Der Kaiser erfuhr durch die beiden Schriften, die Pyrker ihm erstellt hatte, über die damalige dramatische Armut in Venedig. Bei seiner Unterredung mit Pyrker schlug Kaiser Franz die Hände zusammen und rief: „Nein, so arg hätte ich es mir doch nicht vorgestellt".

Patriarch Pyrker verfasste danach einen genauen Vorschlag, welche eingezogenen Güter des einstigen Armenfonds der Wohltätigkeitskommission zurückzuerstatten seien. Er schickte seinen Vorschlag zum Kaiser. Allerdings versuchte die Hofkammer die Zurückgabe der Güter mit allen Mitteln zu blockieren. Sie betonte, dass das die Staatskassen in große Probleme bringen würde. Patriarch Pyrker kämpfte mündlich und schriftlich vor dem Kaiser für die Entschädigung des Armenfonds.

Schließlich, nach vielen Monaten, traf die Antwort des Kaisers in Venedig ein: Eines Morgens sprang der Präsidialsekretär des Guberniums in das Zimmer des Patriarchen hinein. Er hüpfte hoch auf und lachte und jauchzte, so dass Patriarch Pyrker meinte, dieser sei wahnsinnig geworden. Endlich sagte der Präsidialsekretär: „Eccellenza! Die Allerhöchste Resolution ist angekommen; der Kaiser bewilligte alles, alles, was Sie wegen der Rückgabe des entfremdeten Armenfonds verlangt haben!". Er reichte dem Patriarchen das Dekret. Und der Patriarch las es zitternd vor grenzenloser Freude. Die Wohltätigkeitskommission erhielt damit die Güter des Armenfonds zurück und konnte nun viel großzügiger die Armen Venedigs mit dem Notwendigsten versorgen.

71. Das Altersheim für pensionierte Priester

Der hochgeachtete Pfarrer von Santo Stefano in Venedig, ein ehrwürdiger achtzigjähriger Greis mit dem Familiennamen Angeli, kam eines Tag zum Patriarchen Pyrker. Er berichtete dem Patriarchen, dass er etwa 30.000 Franken habe. Dieses Geld war eigentlich für die Erhaltung des ärmeren venezianischen Klerus bestimmt gewesen. Als die französischen Truppen in Eile Venedig räumen mussten, war dieses Geld vom Vorsteher des Zahlamtes dem angesehenen und vertrauenswürdigen Pfarrer Angeli heimlich übergeben worden, damit er es irgendwie an den ärmeren venezianischen Klerus weiterreiche. Das hatte Pfarrer Angeli aber nie getan, sondern einfach aufgehoben. Pfarrer Angeli übergab dieses Geld nun dem Patriarchen, damit er darüber verfüge. Dem Patriarchen Pyrker kam es vor, als hätte der Himmel ihm dieses Geld geschickt. Schon lange trug sich der Patriarch mit dem Gedanken, für die älteren venezianischen Priester ein Altersheim zu bauen. Diese älteren Priester lebten oft in großer Armut und gingen mit bettelhaft schmutzigen und herabgekommenen Kleidern durch Venedig. Manche verfielen auch dem Alkohol und waren in billigen Weinschenken (botteghe) häufig anzutreffen. Nun konnte Patriarch Pyrker den älteren und ärmeren Priestern ein Zuhause geben. Er erwarb ein leerstehendes Kloster mit einer kleinen, hübschen Kirche. Er wandelte es in ein Altersheim um. Bald konnten die greisen Priester dieses Haus beziehen.

72. Patriarch Pyrker und Josef Danhauser

Als Patriarch Pyrker eines Tages in Wien beim Möbelfabrikanten Joseph Ulrich Danhauser zu Besuch war, lernte er auch den Sohn des Möbelfabrikanten, den Maler Josef Danhauser, kennen. Pyrker sah sich einige Malereien an, die der junge Josef Danhauser geschaffen hatte. Der Patriarch war davon sehr beeindruckt. Diesen jungen Josef Danhauser wollte er fördern. Pyrker konnte den jungen Maler, der um 26 Jahre jünger als er selbst war, dafür gewinnen, Illustrationen zu seinem Heldengedicht „Rudolphias“ zu malen. Im Jänner 1826 gelangten die ersten beiden Bilder Danhausers beim Patriarchen Pyrker in Venedig ein. Der Patriarch war sehr zufrieden mit diesen Bildern und bedankte sich in einem Brief sehr erfreut beim Künstler.

Bald danach lud Patriarch Pyrker den jungen Danhauser nach Venedig ein. Josef Danhauser durfte in einem Zimmer oberhalb der Wohnung des Patriarchen im Dogenpalast einige Wochen lang wohnen, um Venedig kennen zu lernen und die italienische Malkunst zu studieren. Danhauser genoss seinen Aufenthalt in Venedig. Allerdings begann er bei der Betrachtung der venezianischen Kunst an seinem eigenen Talent sehr zu zweifeln. So gut wie Tizian oder wie Tintoretto werde er wohl nie malen können. Patriarch Pyrker sprach ihm Mut zu. Er versicherte dem jungen Danhauser, sehr wohl viel Talent zu haben. Er motivierte ihn, von den venezianischen Künstlern zu lernen und weiter seinen Malkünsten nachzugehen.

Patriarch Pyrker freute sich, dass Josef Danhauser ihm auch bei kammermusikalischen Abenden zugutekam. Der Künstler war nämlich nicht nur ein hervorragender Maler, sondern auch ein ausgezeichneter Violinist und Pianist.

Pyrker sollte mit Danhauser auch die weiteren Jahre brieflich verbunden bleiben. Pyrker förderte den jungen Maler Danhauser auch später sehr. Danhausers Hauptwerk, die Leiden des Evangelisten Johannes, entstand im Auftrag von Johann Ladislaus Pyrker für die ungarische Kathedrale von Erlau. Danhauser übernahm später die Möbelfabrik seines Vaters, heiratete und zog seine Kinder auf. Er wurde Professor an der Akademie der bildenden Künste in Wien. Er ging als Hauptvertreter der bürgerlichen Genremalerei des Wiener Biedermeier in die Kunstgeschichte ein.

73. Die Mätresse von Lord Byron

Der englische Dichter Lord Byron, ein Hauptvertreter der Romantik, ließ sich 1816 in Venedig nieder. Dort verliebte er sich in die hübsche Frau Teresa Guiccioli, Gattin eines reichen Marcheses. Sie trennte sich von ihrem Marchese und führte öffentlich ein Leben als Mätresse von Lord Byron. Eines Tages hieß es, sie sei in das Haus ihres Gatten zurückgekehrt und wohne jetzt wieder dort. Alle Welt staunte darüber, dass die beiden Eheleute – nach mehreren Jahren der Trennung – in Venedig wieder zusammen unter einem Dach wohnten.

Eines Tages kam von der Justizbehörde eine amtliche Anfrage über das Zusammenleben des Ehepaares Guiccioli. Gleichzeitig teilte die Justizbehörde mit, dass, sollte sich das Ehepaar Guiccioli nochmals trennen, Marchese Guiccioli seiner Gattin nicht tausend, sondern zwölfhundert Scudi als Jahresgehalt bezahlen müsste. Die Kurie des Patriarchen stellte auf Wunsch von Frau Teresa Guiccioli ein Zeugnis darüber aus, dass das Ehepaar Guiccioli wieder gemeinsam unter einem Dach wohnte. Patriarch Pyrker beschäftigte sich nicht persönlich mit dieser Angelegenheit. Seine Kanzlei bereitete ihm das Zeugnis vor, das er unterschrieb und das dann an Frau Teresa Guiccioli – auf ihr Drängen hin – rasch übergeben wurde.

In einer persönlichen Unterredung bedankte sie sich beim Patriarchen für das Zeugnis. Sie klagte in einem weinerlichen Tonfall dem Patriarchen, wie schlecht ihr Gatte sie stets behandelt hatte. Sie erzählte, dass der Marchese sie vor einigen Jahren dem Lord Byron um eine große Summe Geld geradezu verkauft habe. Als Lord Byron diese Summe nicht gänzlich gezahlt hatte, begann ihr Gatte, einen unauslöschlichen Hass gegen sie zu hegen. In Venedig wohnte sie die letzten Monate zwar im Haus ihres Gatten, aber nicht im selben Stockwerk wie er. Sie fürchtete, von ihrem Gatten vergiftet oder erdolcht zu werden. Der Patriarch Pyrker bewunderte in ihrem Gesicht, das mit einem zarten weißen Schleier bedeckt war, noch die Spuren ihrer einstigen außerordentlichen Schönheit.

Kurz nach ihrem Gespräch mit dem Patriarchen verließ sie Venedig. Es stellte sich heraus: Sie war nur nach Venedig gekommen, um ein kirchliches Zeugnis des Zusammenlebens mit ihrem Gatten zu erhalten. Dieses Zeugnis legte sie den Gerichten vor. Sie klagte über ihren Gatten und erreichte eine neuerliche Scheidung. Dadurch war ihr Mann nun verpflichtet, ihr jährlich um 200 Scudi mehr zu bezahlen. Der Marchese Guiccioli war darüber äußerst erbost. Er verklagte sogar den Patriarchen Pyrker vor Gericht, weil er das Zeugnis des Zusammenlebens der Eheleute Guiccioli unterzeichnet hatte. Er forderte 4000 Scudi als Entschädigung. Der Patriarch erschrak über diese Anklage, die das Tribunal allerdings bald abwies. Diese Angelegenheit bereitete ihm viele Wochen große Sorgen.

74. Der Freihandelshafen

Als Kaiser Franz 1825 während seiner Italien-Reise den Patriarchen Pyrker in einer Privat-Audienz in der kaiserlichen Villa Pisani in Stra empfing, sagte er dem Patriarchen: „Hören Sie! Sie kennen Venedig, das habe ich aus Ihrem vorjährigen Visitationsbericht ersehen. Machen Sie mir einen Vorschlag, wie den guten Venezianern aufzuhelfen wäre. Ich habe sie lieb, denn sie sind mir jederzeit treu und anhänglich geblieben, und unter ihnen haben sich keine Carbonari gefunden“. Der Patriarch beteuerte ihm, ihm sehr bald einen konkreten Vorschlag vorzulegen.

Patriarch Pyrker entwarf bald danach einen Brief an den Kaiser mit einigen Vorschlägen für die Erhaltung der Stadt Venedig und ihre verarmten Bewohner. Darin schildert er, wie durch die Truppen Napoleons nicht nur der Venezianischen Republik ein Ende bereitet worden ist, sondern auch wie der Handel und der Wohlstand Venedigs ruiniert worden sei. Er machte dem Kaiser eine Reihe von Vorschlägen, wie Venedig aufgeholfen werden könnte. Er empfahl, den Hafen von Malamocco (im Süden von Venedig) durch die Herstellung eines Riesendamms wieder aufzuwerten. Das hat die österreichische Regierung tatsächlich 1845 unter dem Aufwand von viereinhalb Millionen Franken gemacht.

Der Patriarch schlug vor, die Maut für die in Venedig gehandelten Waren abzuschaffen, damit die Bewohner Venedigs nicht alles teurer als am Festland kaufen müssten. So sollte auch der Abwanderung der Venezianer gegengesteuert werden. Tatsächlich ließ der Kaiser bald danach die Zölle für Venedig verringern.

Der Patriarch schlug dem Kaiser auch vor, die staatliche Schiffserzeugung im Arsenal stark zu fördern. Tatsächlich gelangte bereits wenige Wochen danach eine allerhöchste Entscheidung nach Venedig, in der befohlen wurde, die Zahl der Arbeiter im Arsenal von drei- auf achthundert Personen aufzustocken.

Das Bedeutendste, was Patriarch Pyrker dem Kaiser vorschlug, war die Einrichtung eines Freihandelshafens für Venedig. Der Hafen von Venedig sollte durch den freien Warenverkehr, also ohne Zölle und Steuern, für Händler interessant gemacht werden. Der Kaiser ließ diesen Vorschlag prüfen. Es gab in Wien heftige Gegner von einer Förderung Venedigs, da diese Stadt wegen ihrer Verwundbarkeit von manchen bereits aufgegeben worden war. Außerdem fürchtete die Stadt Triest Konkurrenz. Der Kaiser hörte aber auf den Patriarchen Pyrker und ermöglichte 1830 der Stadt Venedig den Freihandelshafen. Das war ein wesentlicher Beitrag zum Wiederaufbau der Wirtschaft dieser Stadt.

75. Teichjagd in den Lagunen

Die sogenannten Valli etwas außerhalb von Venedig sind ein Wassergebiet, das zur Lagune von Venedig gehört. Sie sind voneinander durch Schilf abgegrenzt. Sie dienen zum Fischfang, aber auch zur Wildentenjagd. Die Eigentümer haben diese Wassergebiete Jagdpächtern anvertraut. Einer der Pächter lud den Patriarchen Pyrker in seinem letzten venezianischen Winteraufenthalt zu einer solchen Jagdpartie ein.

An einem Nachmittag im Dezember 1826 fuhren sie in einer offenen Barke quer durch die Lagune gegen die Mündung der Brenta hinab. Sie kamen nach mehreren Stunden, als es schon finster war, zum gewünschten Schützenhaus. Der Patriarch wurde in den Speisesaal geführt. Da musste er nicht wenig staunen. Denn er sah etwa zwanzig Gäste, die in warmer Freizeitkleidung versammelt waren. Normalerweise waren alle diese Venezianer am Markusplatz mit vornehmen Kleidern anzutreffen. Beim Abendessen ging es recht lustig zu. Es mangelte nicht an Cipro-, Malaga- und Champagner-Wein. Ausgezeichnete Speisen wurden reichlich serviert. Der Patriarch hielt später fest: „Auch pflegt der Venezianer bei solcher Gelegenheit voll witziger Einfälle zu sein“.

Nach einer kurzen Nacht, am nächsten Morgen um fünf Uhr, wurden alle geweckt und auf sehr kleine, schmale Schiffchen verteilt. Stehend fuhren sie durch das Schilfrohr hinaus in die Valli. Es war kalt. Über dem Wasser hatte sich eine zarte Eisdecke gebildet, die von den Schiffchen mit einem leisen Krachen durchbrochen wurde. Allmählich begann der finstere Dezembermorgen zu grauen. Der Patriarch konnte dadurch diese venezianische Jagd gut beobachten.

In einem Halbkreis, weit voneinander entfernt, waren auf kräftigen Piloten senkrecht stehende Fässer montiert. In diese Fässer stiegen die Jäger ab. Sie dienten als eine Art Hochstand. Normalerweise stieg in jedes Fass nur ein Jäger. Dem Patriarchen als Neuling wurde ein Gefährte zugeteilt.

Im Fass konnte sich jeder Jäger auf einer Bank niedersetzen. So war er von den Wildenten nicht zu sehen. Am Rand des Halbkreises befand sich ein Rufer, eine Art geübter Schützenmeister. Sobald er ein bestimmtes Wort rief, ergriffen alle Jäger ihre Flinte und schossen dann aus den hoch oben in den Lüften flatternden Scharen ein oder mehrere Stücke Wildenten, Wasserhühner oder anderes Geflügel herab. Ein paar abgerichtete Hunde schwammen zum getroffenen Geflügel und sammelten es ein. Die venezianischen Jäger hatten dabei viel Spaß. Es gab viel fröhliches Gelächter, aber auch Gespött und Bravo-Rufe dieser lebhaften Italiener. Auch Patriarch Pyrker schoss einige Vögel. Die Jagd dauerte bis 10 Uhr vormittags. Dann gab es ein gutes Frühstück. Schließlich fuhr er nach Venedig heim, wo er erfuhr, dass die Jagdgesellschaft insgesamt 120 Vögel erlegt hatte.

76. Abschied von Venedig

Als Patriarch Pyrker im Juli 1825 in der kaiserlichen Villa Pisani in Stra zur Tafel mit dem Kaiser geladen war, fiel dem Kaiser die Blässe des Patriarchen auf. Der Kaiser sprach ihn darauf an und sagte: Er habe gehört, dass dem Patriarchen die Lagunenluft nicht guttue. Weil nun ein neuer Erzbischof von Erlau (Eger) in Ungarn gebraucht werde, werde er ihn dazu ernennen. Patriarch Pyrker erklärte, er wolle gerne in Venedig bleiben. Kaiser Franz antwortete, dass er das wisse. Doch könne er es nicht zulassen, dass der Patriarch ihm dort zugrunde ginge. Er solle ihm einen Nachfolger vorschlagen. Patriarch Pyrker nannte den Bischof von Ceneda, Giacomo Monico. Kaiser Franz hielt das für einen guten Vorschlag und bestimmte tatsächlich Giacomo Monico zum neuen Patriarchen.

Zunächst musste aber noch die Bestätigung von Rom sowohl für den neuen Erzbischof Johann Ladislaus Pyrker für Erlau als auch für den neuen Patriarchen Giacomo Monico für Venedig abgewartet werden. Diese kam erst 1827 an. Bis zum Eintreffen der römischen Bestätigung blieb Johann Ladislaus Pyrker in Venedig. Auch die Karwoche und den Ostersonntag 1827 feierte Johann Ladislaus Pyrker noch in der Patriarchenstadt.

In einem Pastoralbrief, den er an die Venezianer zum Abschied richtete, erklärte er, was ihm in all den Jahren die wichtigsten Anliegen waren: dem Elend durch Unterstützungen Abhilfe zu leisten, die geistlichen Hilfen leichter zugänglich zu machen, die religiöse Unterweisung der Gläubigen zu verbessern und den religiösen Kult herrlich und würdig feiern zu lassen. Er hatte in all den Jahren in Venedig viele Freunde gewonnen. Einst war er als Ausländer in Venedig eingezogen. Man konnte nicht sagen, dass er als solcher Venedig verließ.

Am Abend vor seiner endgültigen Abreise von Venedig kam es zu folgendem Ereignis: Der Patriarch Pyrker saß gerade mit einigen Bekannten in seinem Zimmer auf dem Kanapee beisammen und besprach verschiedene Themen. Plötzlich kam gegen 9 Uhr der Erzpriester von San Pietro di Castello, der gleichzeitig Ehrendomherr von San Marco war, herein. Er setzte sich zu ihnen. Er entschuldigte sich, dass er so spät komme. Er habe aber gerade erfahren, dass der Patriarch am nächsten Morgen aufbrechen werde. Er klagte darüber, dass die Diözese Venedig nun den Patriarchen Pyrker verliere. Er hätte sich gewünscht, dass Pyrker auf Lebenszeit Patriarch von Venedig geblieben wäre. Er wollte sich nun bedanken und erklärte: „Ich kann wohl sagen, der Patriarch Pyrker hat mir den Mund geöffnet“. Die Anwesenden fragten, was er damit sagen wolle. Er erzählte nun, dass er früher nie gepredigt habe. Als der Patriarch Pyrker von seinen Priestern verlangte, jeden Sonntag eine Predigt zu halten, hätte er am Anfang große Probleme gehabt. Das erste Mal sei seine Predigt ganz misslungen. Er hätte viel zu viel Angst dabei gehabt. Doch am Sonntag danach sei es ihm schon viel besser ergangen. Und mittlerweile höre das Volk jetzt sogar schon sehr gerne seine Predigten an. Er könne also wirklich sagen: „Che il Patriarcha Pyrker m'abbia aperto la bocca!“, „dass der Patriarch Pyrker ihm den Mund geöffnet habe“. Alle Anwesenden waren ganz angenehm berührt von seinem Dank. Der Priester wollte zum Abschied dem Patriarchen weinend die Knie umfassen. Der Patriarch hob ihn aber auf und umarmte ihn mit Dank für alle Dankesbezeugungen. Am nächsten Tag brach Johann Ladislaus Pyrker von Venedig auf, voll Wehmut und schweren Herzens.

F. Auf Erholungs- und Erkundungsreisen

77. Die Ermöglichung der Kuren in Hofgastein

Als Abt Ladislaus Pyrker 1817 Gast bei Abt Anton Reiberger im Stift Melk war, flüsterte dieser einem Tischnachbarn zu: „Seht dort unsern Ladislaus, der lebt uns kein halbes Jahr mehr". Pyrker hörte diese Worte. Sie machten ihn sehr betroffen. Es ging ihm tatsächlich schlecht. Er war völlig überarbeitet. Bei dieser Begegnung in Melk war auch der tüchtige Arzt Paintinger aus Leoben anwesend. Dieser nahm den Abt Pyrker zur Seite und riet ihm, doch die Bäder in Gastein aufzusuchen. Abt Pyrker beherzigte diesen Rat. Einen Versuch waren sie auf jeden Fall wert, dachte er sich. Er suchte 1817 erstmals die Bäder von Gastein auf. Schon nach wenigen Tagen in Gastein spürte er eine deutliche Besserung. Er nahm sich vor, sich von nun an jedes Jahr eine Kur in Gastein zu gönnen.

Für Pyrker bedeutete der Besuch im Gasteiner Tal immer eine große Erholung, ja geradezu eine Verjüngungskur. Immer, wenn es ihm gesundheitlich besonders schlecht ging, fand er dort deutlich Hilfe, Linderung seiner Schmerzen, manchmal auch Genesung. 1817 gab es nur im Wildbald selbst die Möglichkeit, das heilende Thermalwasser zur Anwendung zu bringen. Kaum 130 Kurgäste konnten damals in dem hoch gelegenen Ort aufgenommen werden. Pyrker erkannte, dass der Badeort Wildbad aufgrund der geographischen Lage nur schwer erweitert werden konnte. Er hörte auch, dass viel mehr Gäste kommen wollten, als Aufnahme finden konnten. Auch Kaiser Franz erfuhr davon. Er bat Pyrker, einen Vorschlag für das Platzproblem in Gastein zu machen. Der Kaiser wusste, dass Johann Ladislaus Pyrker oft dort war. Pyrker nahm sich tatsächlich der Sache sehr sorgfältig an.

In der Zeit der bayrischen Herrschaft (unter Napoleon) war der Plan entworfen worden, in das nahe Dorf Sankt Nikola mit Hilfe einer Rohrleitung Thermalwasser zu leiten. Pyrker bemerkte aber, dass der ganze Boden, auf dem dieses Dorf stand, ein unsicheres Fundament hatte.

Daher entschied er sich nach einigen Erkundigungen, dem Kaiser vorzuschlagen, das Thermalwasser vom Wildbad in den Markt Hofgastein leiten zu lassen. Manche Leute meinten, dass das warme Wasser in den Rohrleitungen zu sehr abkühlen werde. Johann Ladislaus Pyrker organisierte daraufhin ein Experiment. Er ließ ein gewöhnliches Fass mit Wasser, das 36 Grad warm war, füllen. Zeugen prüften die Temperatur. Dieses Fass wurde daraufhin nach Salzburg transportiert. Obwohl es mehrere Stunden unterwegs war, hatte das Wasser in Salzburg noch immer 29,5 Grad. Für das Baden war nur 27 oder 28 Grad Wärme als höchste Temperatur erforderlich. Dieses Experiment überzeugte auch größte Zweifler.

Pyrker ließ den kaiserlichen Werkmeister Gainschnigg die nötigen Erhebungen machen, Pläne zeichnen und Kostenvoranschläge erstellen. Pyrker überbrachte all das dann dem Kaiser persönlich. Am 23. August 1828 genehmigte Kaiser Franz auf Vorschlag von Johann Ladislaus Pyrker die Herableitung des Badewassers vom Wildbad nach Hofgastein. Eine Aktiengesellschaft von Bürgern entstand, die dieses Unternehmen umsetzte. Auch Pyrker war bei dieser Aktiengesellschaft federführend dabei.

Im Juli 1830 badete Johann Ladislaus Pyrker das erste Mal in Hofgastein. Von Jahr zu Jahr vermehrten sich dort die Badegäste. Es zeigte sich, dass das Badewasser in Hofgastein genauso wie in Gastein wirkte. Allmählich blühte der verarmte Markt Hofgastein zu großem Wohlstand auf.

1826 hatte Patriarch Pyrker am Rand des Marktes Hofgastein ein zwei Stockwerke hohes, aber verfallenes Haus mit Garten gekauft. Pyrker ließ es unter großem finanziellem Aufwand herrichten und mit einem Badehaus verbinden. Er widmete es 1832 zu einer Badeanstalt für das kaiserlich-königliche Militär um.

Hinter dem Haus, das er dem kaiserlich-königlichen Militär abtrat, behielt sich Johann Ladislaus Pyrker noch ein halbes Joch Ackergrund und daneben ein hübsches Gärtchen vor. Dort ließ Pyrker ein neues Haus errichten. Es war mit einem eigenen Bad versehen. Dieses Haus wollte Pyrker von nun an bei seinen Aufenthalten in Hofgastein benützen. Als aber ein Haus für den kaiserlich-königlichen Pfleger in Hofgastein benötigt wurde, bat die Landesregierung den Patriarch-Erzbischof, ihm sein Haus abkaufen zu dürfen. Auch wenn er nicht den vollen Preis erhielt, den die Errichtung des Hauses gekostet hatte, ging er

1834 auf diese Bitte ein. Er war zufrieden, dass er ein schönes Haus für Hofgastein hergestellt hatte und dass er bei seinen Aufenthalten dort immer eine Unterkunft fand.

1841 kaufte Pyrker in Hofgastein ein zwei Stockwerke hohes Haus, das gegenüber dem Pfarrhof lag, und schenkte es der Marktgemeinde. Diese verwendete es fortan als Armenhaus.

78. Pyrker und der Dichter Franz Grillparzer

Im Salon Caroline Pichlers lernte Pyrker einst den um 18 Jahre jüngeren Schriftsteller und Beamten Franz Grillparzer kennen. Als Grillparzer 1818 nach dem Selbstmord seines jüngsten Bruders eine schwere Zeit durchmachte, besuchte ihn eines Tages der damals noch als Abt von Lilienfeld wirkende Johann Ladislaus Pyrker. Als dieser den Zustand Grillparzers sah, forderte er ihn auf, mit ihm nach Gastein zu fahren. Die dortigen Bäder würden ihm bestimmt helfen. Grillparzer zog einen Arzt zu Rate und kurz danach saß er mit Pyrker im Wagen und sie fuhren gemeinsam nach Gastein. Grillparzer schrieb später: „Dieses Bad hat mir damals wahrscheinlich das Leben gerettet. Ich kam gestärkt und wieder arbeitsfähig zurück". Auf ihrer gemeinsamen Reise und bei ihrem Aufenthalt in Gastein konnten sich die beiden Dichterfreunde viel miteinander über literarische Themen unterhalten. Grillparzer arbeitete an seinem Werk „Medea", Pyrker an seinem epischen Werk „Rudolphias". Nach ihrem dreiwöchigen Aufenthalt in Gastein nahm Grillparzer auch die Einladung des Abtes Ladislaus nach Lilienfeld an, wo er sich ein paar Tage als Gast aufhielt.

Zwei Jahre später, im Sommer 1820, fuhren Pyrker und Grillparzer wieder gemeinsam auf Urlaub nach Gastein. Pyrker war inzwischen ernannter Patriarch von Venedig. Grillparzer war dagegen wegen seines Gedichtes „Die Ruinen des Campo Vaccino in Rom" von der Zensur angeklagt und in Hofkreisen in Ungnade gefallen. Dass der Patriarch Pyrker, der als ein Vertrauter des Kaisers galt, sich des Franz Grillparzer gerade zu diesem Zeitpunkt annahm, rechnete ihm Grillparzer hoch an. Es zeigte die treue Freundschaft des Johann Ladislaus Pyrker. Und wiederum konnten sie sich intensiv über Literarisches unterhalten.

Doch allmählich sollte die freundschaftliche Beziehung zwischen den beiden zerfallen. 1822 lud Pyrker den Dichter Grillparzer wieder nach Gastein ein. Dieses Mal lehnte Grillparzer ab. Die Geliebte von Grillparzer war krank. Er wollte sie in dieser Situation nicht verlassen.

Damals wusste Pyrker bereits, dass Grillparzer das Drama „König Ottokars Glück und Ende" verfasst hatte, während sein episches Werk „Rudolphias" mit der Behandlung eines ähnlichen Themas gerade in Druck ging. Während das Werk Grillparzers mit der Zensur Probleme hatte, glänzte Pyrkers „Rudolphias" als ein Heldenwerk für die Habsburger. Pyrker und Grillparzer waren politisch unterschiedlich ausgerichtet. Der kaisertreue Pyrker hatte mit der kritischen Haltung Grillparzers nichts gemein. Beide dürften 1828 nochmals in Gastein zusammengetroffen sein. Danach verlieren sich Hinweise auf gegenseitige Kontakte.

79. Pyrker und der Komponist Franz Schubert

Im August 1825 trafen Patriarch Pyrker und der Komponist Franz Schubert in Gastein zusammen. Patriarch Pyrker reiste aus Venedig an. Er hatte viel Zeit und Mühe für den Kaiserbesuch in Venedig aufgewandt. Er kam erholungsbedürftig nach Gastein und wollte sich einige ruhige Tage gönnen. Franz Schubert kam von Wien als Begleiter seines Freundes, des pensionierten Hofopernsängers Johann Michael Vogl, der von der Gicht geheilt werden wollte, angereist.

Patriarch Pyrker hatte im Salon der Caroline Pichler einmal den jungen Franz Schubert als Musiker erlebt. Dessen Musik hatte ihn damals sehr ergriffen. Als 1821 Franz Schubert dem Patriarchen die Widmung dreier seiner Lieder anbot, nahm der Patriarch die Widmung dankend an und ließ ihm dafür 12 Dukaten zahlen. Franz Schubert sah im Patriarchen einen nützlichen Mäzen, mit dem er es sich auch weiterhin gut stehen wollte. Patriarch Pyrker bewunderte Schubert. Vor allem das Lied Schuberts mit dem Titel „Der Wanderer" schätzte Pyrker sehr.

Die Begegnung zwischen Pyrker und Schubert in Gastein dürfte sehr harmonisch gewesen sein. Schubert dürfte in Pyrker eine Art väterlichen Gönner gesehen haben. Die Begegnung der beiden führte dazu, dass Schubert zwei Lieder des Patriarchen vertonte. Das eine heißt „Die Allmacht". Der Text zu

diesem Lied beginnt mit den Worten „Groß ist Jehova, der Herr“. Er stammt aus Pyrkers Werk „Perlen der heiligen Vorzeit“. Das zweite vertonte Gedicht ist „Das Heimweh“ aus Pyrkers Werk „Tunisias“. Beide von Schubert vertonten Gedichte Pyrkers erschienen zwei Jahre später gedruckt in Wien.

80. Die lang ersehnte Anerkennung Pyrkers durch Goethe

Johann Ladislaus Pyrker war ein leidenschaftlicher Dichter. Doch zu seinen Lebzeiten glänzte als größter deutscher Dichter viel mehr der um 22 Jahre ältere Johann Wolfgang von Goethe. Pyrker sandte 1819 und 1820 sein Werk „Tunisias“ zu Goethe nach Weimar. Er erhoffte sich ein lobendes Wort dieses Dichterfürsten für seine eigene Dichtkunst. Das hätte Pyrker selbst sofort zu großem Ruhm und allgemeiner Anerkennung verholfen. Goethe verfasste 1820 einen Brief an Johann Ladislaus Pyrker. Darin bedankte sich Goethe bei Pyrker, entschuldigte sich aber gleichzeitig, dass er sich derzeit wegen der vielen Verpflichtungen nicht der Lektüre des zugesandten Werkes widmen könne.

Auch sein Epos „Rudolph von Habsburg“ sandte Pyrker an Goethe. Dieser verfasste 1827 wieder einen Brief an Pyrker, den er nach Venedig sandte. Der Brief gelangte nie in die Hände Pyrkers, da Pyrker bereits von Venedig nach Erlau umgezogen war.

Um 1830 verfasste Pyrker eine persönliche Stellungnahme zu Goethe. Diese ist geprägt von seiner Enttäuschung, keine befriedigende Antwort von Goethe auf seine Briefe erhalten zu haben. Pyrker sprach in dieser Stellungnahme dem Dichterfürsten seine Bedeutung ab. Er meinte, Goethe hätte besser weniger geschrieben, das dafür aber mit höherer Qualität. Pyrker machte auf die bis zum Ekel übertriebenen Lobhudeleien für Goethe aufmerksam und kritisierte Goethes Distanz zum christlichen Glauben.

Als Pyrker 1831 erfuhr, dass Goethe ihm bereits 1827 einen Brief geschrieben habe, der aber nie in seine Hände gelangte, änderte Pyrker seine Einstellung zu Goethe. Er wandte sich erneut mit einem Brief an Goethe. Dieser übersandte daraufhin dem Patriarch-Erzbischof die neueste Ausgabe seines Werkes „Iphigenie". Er versah diese Ausgabe mit der Widmung: „Dem verehrten Dichter der Tunisias J. W. Goethe".

Nun endlich hatte Pyrker die ersehnte Anerkennung von Goethe erhalten. Auch wenn es nur wenige Worte waren, die diese Anerkennung ausdrückten. Sie reichten aus, um Pyrker als von Goethe anerkannten Dichter auszuweisen.

81. Die große Reise

Johann Ladislaus Pyrker unternahm mehrere große Reisen. Damals war das Reisen keineswegs unbeschwerlich. Auch wenn er in einer gut gefederten Kutsche unterwegs war, so dauerten die Reisen damals lange und waren witterungsbedingt oft sehr mühsam. Dennoch liebte Johann Ladislaus Pyrker es, viele Regionen und Städte auf Reisen kennenzulernen. Er nützte die Zeit beim Reisen, indem er während seiner Fahrten arbeitete. Er machte sich Notizen oder diktierte einem Sekretär seine Gedanken und Gedichte.

Allein aufgrund seiner Ämter als Bischof von Zips, als Patriarch von Venedig und als Erzbischof von Erlau unternahm er ausgedehnte Reisen, innerhalb seiner Diözesen. Hinzu kamen seine Reisen zu Kurorten und seine Reisen aus touristischen Motiven. Er wollte viele berühmte Orte mit seinen eigenen Augen sehen und seinen Horizont erweitern. Oft stattete er dabei berühmten Persönlichkeiten einen Höflichkeitsbesuch ab. Im Jahr 1837 unternahm Johann Ladislaus Pyrker als Patriarch-Erzbischof von Erlau eine besonders ausgedehnte Reise. Es war das Jahr der Weihe der Domkirche von Erlau. Nach diesem großen Ereignis gönnte er sich eine längere Zeit der Abwesenheit von seinem Erzbistum.

Im Juni und Juli 1837 hielt er sich einige Wochen im berühmten Kurort Karlsbad auf. Auf der Reise dorthin kam er durch Mähren und Böhmen. Er bewunderte diese fruchtbaren und durch Gewerbsfleiß ausgezeichneten Regionen. Die Stadt Prag mit ihren achtzig Türmen, zahlreichen Kirchen und prächtigen Palästen in beiden am Ufer der Moldau gelegenen Stadtteilen, welche die weitgerühmte Brücke verbindet, machte auf ihn einen großen Eindruck.

In Karlsbad begegnete er manchen hohen Persönlichkeiten. Er traf dort die Königin von Württemberg, Erzherzog Johann mit seiner Gattin, den Herzog Ernst I. von Sachsen-Coburg und Gotha, den Herzog Joseph von Sachsen-Altenburg, den Landgrafen Ernst Constantin von Hessen-Philippsthal und weitere berühmte deutsche, aber auch russische Adelige. Patriarch-Erzbischof Pyrker genoss die Stunden in dieser ehrenvollen und angenehmen Umgebung. Die vier Wochen seines Aufenthaltes vergingen wie im Flug. Er verriet seinen Gesprächspartnern in Karlsbad, dass er nach seinem Kuraufenthalt eine längere Reise durch Deutschland plane. Die Königin von Württemberg, die beiden Herzöge und der Landgraf luden ihn ein, auf seiner Durchreise durch ihre Gebiete bei ihnen Station zu machen. Pyrker nahm diese Angebote gerne an.

Ende Juli 1837 reiste er von Karlsbad ab. In Teplitz besuchte er den Schlossgarten des Fürsten von Clary. Er traf dort in einer Allee mit König Friedrich Wilhelm III. von Preußen zusammen, der gemütlich auf einer Bank saß. Sie hatten einst schon beim Wiener Kongress einander kennen gelernt. Daher sagte der König dem Patriarch-Erzbischof Pyrker: „Wir sind schon alte Bekannte". Er lud Pyrker nach Berlin ein, denn dort würde er viel Sehenswertes besichtigen können. Im Gefolge des Königs befand sich auch der Gelehrte Alexander von Humboldt, mit dem Pyrker schon einmal in Briefverkehr stand. Pyrker vereinbarte ein eigenes Treffen mit Humboldt, bei dem die beiden einander ihr Wissen in angeregten Gesprächen austauschten. Pyrker staunte über die umfangreichen Kenntnisse Humboldts. Von Teplitz aus besuchte Pyrker die Zisterzienserabtei Ossegg, wo er freundlich als Ordensbruder empfangen wurde.

Anlässlich seines Dresden-Aufenthalts besuchte Patriarch-Erzbischof Pyrker den katholischen Bischof Ignaz Bernhard Mauermann, die Königin Marie Anna und den Kronprinzen Johann von Sachsen. Voll Interesse besichtigte er die Galerie von Dresden, wo er vor allem die Sixtinische Madonna bewundern wollte. Er war enttäuscht, dass dieses Gemälde schlecht restauriert war.

In Leipzig erfuhr er von einer ersten Probefahrt auf der Eisenbahn. Bei seinem Besuch in der katholischen Kirche wurde ihm die armselige Situation der Katholiken in den sächsischen Ländern bewusst. Sie hatten dort durch die Intoleranz und den Hass einiger sogenannter aufgeklärter Personen zu leiden.

Vom Turm der Pleißenburg schaute er auf das Schlachtfeld von Leipzig. Er gedachte der Gräuel der napoleonischen Kriege. Auch das Denkmal des Fürsten Karl Philipps zu Schwarzenberg konnte er von dort aus sehen.

Bei seiner Begegnung mit Herzog Joseph von Sachsen-Altenburg, der den Patriarch-Erzbischof Pyrker mit allen Ehren empfing, sprach Pyrker mit dem Herzog auch über die Lage der Katholiken in den sächsischen Ländern. Der Herzog erklärte, dass er gerne die kleinen katholischen Gemeinden unterstützen würde. Viele seiner Landsleute würden ihm das jedoch schlecht auslegen. Viele seiner Politiker würden die Proselitenmacherei der Katholiken fürchten. Pyrker beschloss, für die Katholiken in Sachsen Geld zu sammeln. Er konnte tatsächlich in den folgenden Jahren manche beachtlichen Geldsummen an die katholischen Diözesen Sachsens senden.

In Weimar besichtigte er die Stadtkirche, wo er sich die Gemälde von Lukas Cranach anschaute. Er ließ sich auch das Dachstübchen Schillers und das Haus von Goethe zeigen. In Erfurt bewunderte er den herrlichen gotischen Dom. Pyrker besuchte die Familie des Landgrafen Ernst Constantin von Hessen-Philippstal, wo er besonders liebenswürdig aufgenommen wurde.

In Coburg empfing ihn Herzog Ernst von Sachsen-Coburg und Gotha. Er führte ihn in einer offenen Kalesche in sein schönes Sommerschloss Rosenau. Das Mittagessen war festlich gestaltet. In Rosenau lernte Pyrker auch den Sohn des Herzogs kennen, Albert von Sachsen-Coburg und Gotha, mit dem er sich gut verstand. Dass dieser wenige Jahre später Königin Victoria von Großbritannien heiraten sollte, war damals noch nicht bekannt.

In Bamberg war Pyrker beeindruckt von der herrlichen Lage der Stadt und vom alten, im byzantinischen Stil gebauten Dom.

Nürnberg schätzte er als eine echt altdeutsche Stadt teils wegen der Form ihrer Häuser und vor allem wegen ihrer Kunstschätze und berühmten Künstler aus jener Zeit.

In München stellte Pyrker sich dem König Ludwig von Bayern vor, der ihn zur Mittagstafel im großen Saal der Nymphenburg lud. In den zehn Tagen, die er in München verbrachte, traf Pyrker manche berühmten Professoren.

Seine ausgedehnte Deutschland-Reise hatte Pyrker gesundheitlich zugesetzt. Er begab sich daher von München nach Gastein, um dort im Wildbad in den heißen Stollen der Quelle eine Schwitzkur zu machen. Danach reiste er über die Mallnitzer Tauern, über Lienz, Ampezzo, Conegliano nach Venedig, wo er sich ursprünglich länger aufhalten wollte. Wegen gesundheitlicher Probleme blieb er aber trotz der dortigen Höflichkeitsbezeugungen nur kurz dort. Pyrker kehrte von Venedig nach Conegliano und Ampezzo zurück und reiste über den Brenner nach Innsbruck, wo er am 25. September 1837 ankam. Weil Pyrker eine Rheinfahrt nach Köln so sehr am Herzen lag, beschloss er, noch nicht heim nach Erlau, sondern zunächst Richtung Norden zu fahren. Den Arlberg zu überqueren, war wegen der dortigen Schneegestöber nicht anzudenken. Pyrker fuhr über den Pass von Scharnitz nach Augsburg. In Ulm erinnerte sich Pyrker daran, dass er hier einst als junger, armer Wanderbursch das Donauschiff bestiegen hatte, das ihn nach Wien zurückgebracht hatte.

In Stuttgart lud Königin Pauline von Württemberg Pyrker in das Königsschloss ein. Sie rief den ganzen Adel von Stuttgart zusammen und gab im großen Saal ein Souper mit 150 Teilnehmern. Sie unterhielt sich während des ganzen Abends nur mit dem Patriarch-Erzbischof Pyrker und stellte ihm den Kronprinzen und die adeligen Teilnehmer vor.

In Heidelberg besichtigte Pyrker die Ruinen des alten Schlosses. Er spazierte auf dem großen Heidelberger Fass herum und setzte sich dann im Freien auf eine besondere Stelle, von wo er die viel gerühmte, entzückende Aussicht über Heidelberg genoss.

In Mannheim bestieg Pyrker am 5. Oktober 1837 das Dampfschiff, das ihn entlang des Rheins nach Köln bringen sollte. Er reiste an der Reichsstadt Worms ehrfürchtig vorbei. Bald danach fuhr das Schiff in den Abendstunden auf eine Sandbank auf. Es gab keine Verletzten und keine schwere Beschädigung des Schiffes. Das Schiff saß aber fest. Mit Hilfe eines anderen Dampfschiffes gelangten Pyrker und die anderen Passagiere nach vielen Stunden nach Köln.

Sein erster Weg in Köln führte Pyrker in den berühmten Dom. Seine Erwartungen wurden weit übertroffen. Der Baudirektor Zwirner hielt Pyrker eine präzise Sonderführung im Dom und auf den Gerüsten rund um den Dom, die Pyrker sehr beeindruckte. In Köln traf Patriarch-Erzbischof Pyrker mit dem Kölner Erzbischof Clemens August Droste zu Vischering zusammen. In einem herzlichen Gespräch redeten sie auch über den Mischehestreit, der damals die Beziehung zwischen dem Kölner Erzbischof und dem Königreich Preußen stark belastete. Erzbischof Clemens August versicherte dem Patriarch-Erzbischof Pyrker, er werde nach der Weisung Roms und nach seinem Gewissen handeln. Bei diesen Worten fasste Erzbischof Clemens August den Patriarch-Erzbischof Pyrker an der Hand und sagte: „Sie werden es sehen, mir wird es nicht gut gehen!". Pyrker war sehr beeindruckt von Erzbischof Clemens August. Wenige Wochen danach erfuhr er, dass Erzbischof Clemens August wegen seiner Haltung von der preußischen Regierung verhaftet und unter Hausarrest gesetzt wurde. Erzbischof Clemens August erhielt unter den Katholiken den Ruf eines Bekennerbischofs. Nach eineinhalb Jahren kam er wieder frei.

In Köln besuchte Pyrker noch die Peterskirche, in der einst Rubens getauft worden war. In Bonn traf Pyrker mit einigen Professoren zusammen. In Mainz beeindruckte ihn weder die Domkirche noch die aus seiner Sicht etwas plump ausgefallene Statue des Gutenberg. Mainz kam ihm wie eine Kaserne vor. Er war sich sicher, dass Mainz in der Zeit der kurfürstlichen Regierung einst anders ausgesehen und geglänzt hatte.

Nach einem kurzen Aufenthalt in Frankfurt am Main kehrte Pyrker zügig über Aschaffenburg, Würzburg, Nürnberg, Regensburg, Schärding, Salzburg und Wien nach Erlau heim.

G. Patriarch-Erzbischof von Erlau

82. Einzug in Erlau und Visitation

Auf der Reise nach Erlau passierte dem neu ernannten Erzbischof ein großes Unglück. Er hatte acht Wagenpferde. Mit sechs Wagenpferden wollte er in Erlau einziehen. Als sie in Gödöllö Station machten, brach in der Nacht ein Feuer im Stall aus. Bei dem Brand kamen drei seiner acht Pferde ums Leben. Pyrker musste ein weiteres Pferd rasch kaufen, damit er zumindest mit sechs Pferden den festlichen Einzug durchführen konnte. Das war aber nicht das einzige Unglück, das seinem Einzug in Erlau voranging. In der Stadt Erlau zerstörte zwei Wochen vor seinem Einzug ein Brand einen Teil der Stadt. Das konnte als böses Omen gedeutet werden. Es sollte sich aber nicht als solches bestätigen. Seine Amtszeit in Erlau sollte sich segensreich entwickeln. Nach dem Brand in Erlau selbst sollte sich herausstellen, dass die meisten Häuser, die abgebrannt waren, versichert waren. Sie wurden mit Versicherungsgeldern neu aufgebaut.

Am 17. September 1827 zog Johann Ladislaus Pyrker festlich in Erlau ein. Am folgenden Tag war die Amtseinführung als Erzbischof in der Kathedrale und danach als Obergespan seines Komitats im Amtshaus des Komitats. Zahlreiche Gäste nahmen an der Feier teil, etwa achthundert.

Gleich im zweiten Jahr seiner Amtszeit als Erzbischof von Erlau begann Johann Ladislaus Pyrker die kanonische Visitation. Er fing mit den entferntesten und am schwersten zu erreichenden Pfarren an, nämlich im Szaboleser Komitat. Dort war schon sechzig Jahre kein Visitator gewesen. In dieser Gegend waren nur etwa 25 Prozent der Bevölkerung katholisch. Die anderen waren hauptsächlich helvetisch-reformierte Christen. Pyrker widmete den ganzen Juni 1828 und zwei Wochen im September und im Oktober der Visitation. Auch in den folgenden Jahren hielt er immer wieder mehrere Wochen Visitation.

Der Erzbischof ließ sich jeweils in der zu visitierenden Pfarre einige Tage vorher ankündigen. Normalerweise erreichte er an einem Nachmittag den jeweiligen Ort. Die Pfarrgemeinde mit dem Pfarrer, dem Schullehrer und den Schulkindern erwartete den Visitator vor dem Dorf. Der Erzbischof stieg aus dem Wagen. Er trug Rochett und eine violette Mozetta. Der katholische Pfarrer, aber meistens auch ein reformierter Würdenträger in Talar, begrüßten den hohen Gast. In einer Prozession zogen sie alle zur Kirche. Voran gingen Schulkinder, die auch Fahnen trugen. Die Glocken läuteten. Das Volk sang geistliche Lieder. Bevor die Kirche betreten wurde, besuchte der Erzbischof den Friedhof. Er betete mit der Gemeinde für die Verstorbenen. Danach erfolgte der feierliche Einzug in die Kirche. Dann begann die eigentliche Visitation. Der Visitator inspizierte den Tabernakel und die heiligen Gefäße in der Sakristei. Er besah die Paramente und die geistlichen Gewänder, die Tauf-, Sterbe- und Trauungs-Register. Viel Zeit nahm die Überprüfung der Rechnungs- und Verwaltungsbücher in Anspruch. Mit Hilfe des letzten Visitationsberichts überprüfte der Visitator die Einkünfte, das Verzeichnis der Äcker, Wiesen und Weiden, die Ausgaben für Pfarrer, Schullehrer, Mesner und andere Personen. Mit dem Abendessen ging der erste Visitationstag zu Ende. Am nächsten Morgen zelebrierte der Erzbischof meistens um sieben Uhr die heilige Messe. Der Pfarrer oder der Kaplan mussten in Gegenwart des Erzbischofs predigen. Nach der Messe hielt der Erzbischof eine Ansprache an das ganze Volk und wohnte einer Prüfung der Schüler in der Christenlehre bei. Dann erteilte der Erzbischof den Firmlingen das Sakrament der Firmung. Er gab den Gläubigen die Möglichkeit, ihm über den Pfarrer Auskunft, Lob und Beschwerden mitzuteilen. Danach gab es ein festliches Mittagessen unter Teilnahme vieler. Schließlich war die Visitation zu Ende. Der Erzbischof machte sich auf, die nächste Pfarre zu besuchen.

83. Der Kalvarienberg, das Minarett und die Lehrerbildungsanstalt von Erlau

Gleich zu Beginn seiner Amtszeit bemerkte der neue Patriarch-Erzbischof die Burgruine, die mitten in der Stadt Erlau liegt. Sie war einst eine wichtige Bastion im Kampf gegen die Osmanen gewesen. Der ungarische Stratege István Dobó hatte als Burghauptmann von Erlau 1552 die belagernden Osmanen besiegt. Die Burg fiel allerdings 1596 in die Hände der Osmanen. Erlau stand mehrere Jahrzehnte unter der Herrschaft des Islam. Nach dem Sieg des österreichischen

Heeres über die Osmanen kam ganz Ungarn unter die Herrschaft der Habsurger. Im 18. Jahrhundert verfiel die Burg, die sogar als Steinbruch diente und teilweise gezielt abgetragen wurde.

Patriarch-Erzbischof Johann Ladislaus Pyrker wollte die weitere Abtragung der Burg verhindern. Er beschloss, sie in einen ehrwürdigen Ort umzuwandeln. Er ließ die Ringmauern erneuern, Bäume pflanzen, eine Kapelle zum Andenken an István Dobó errichten und an der höchsten Stelle der Burg drei Kreuze aufstellen. Dadurch wurde dieser Ort zu einem allgemein geschätzten Pilgerort. Seither strömten Pilger nach Erlau, die immer auch die wunderbare Aussicht vom Hügel mit den drei Kreuzen bewunderten. Auch Pyrker stieg immer wieder hinauf auf diesen Kalvarienberg, um dort zu beten und das atemberaubende Panorama über die ungarische Landschaft um Erlau herum zu bewundern. Im Sommer ist von hier aus der schönste Sonnenuntergang von Erlau zu sehen.

Auch das Minarett von Erlau war Pyrker ein Anliegen. Dieses Bauwerk stammte aus der osmanischen Zeit. Manche Leute forderten zur Zeit Pyrkers die Beseitigung des Minaretts. Doch Pyrker wollte diesen kulturhistorisch bedeutsamen Bau erhalten. Er ließ auf das Minarett, das von einem Halbmond gekrönt ist, ein Kreuz setzen. Auf diese Weise konnte er die Erhaltung des Minaretts vor seinen Zeitgenossen leicht erklären.

Pyrker ließ in Erlau außerdem die erste ungarisch-sprachige Lehrerbildungsanstalt für zukünftige Dorfschullehrer errichten. Sie funktionierte so wie die Lehrerbildungsanstalt in Zips. Später sollte er schreiben, dass die Errichtung dieser beiden Lehrerbildungsanstalten das Beste sei, was er das Glück hatte zustande zu bringen. Er selbst erlebte es noch, dass mehrere hundert gebildete Dorfschullehrer durch diese Institute hervorgegangen sind.

84. Die Weihe der Kapelle im Brandhof von Erzherzog Johann

Mit Erzherzog Johann verband den Patriarch-Erzbischof Johann Ladislaus Pyrker seit vielen Jahren eine enge Freundschaft. Nachdem Erzherzog Johann 1818 den Brandhof bei Gußwerk als einen Rückzugsort erworben hatte, ließ er diesen die Jahre darauf in einen landwirtschaftlichen Musterhof mit einem stattlichen Herrenhaus umbauen. Seinen Freund, den Patriarch-Erzbischof Johann Ladislaus Pyrker, bat er, die Segnung der Kapelle vorzunehmen. Die Feier fand am 24. August 1828 statt. Sie dauerte insgesamt vier Stunden. Der Fürstbischof von Seckau hielt die Predigt. Erzherzog Johann hatte etwa hundert Gäste geladen. Im Hof war ein ländlich geschmückter Pavillon aufgestellt, wo sich die Gesellschaft aufhalten konnte. Es gab mehrere Toaste. Manche Leute stimmten Gesänge an. Auch Gedichte wurden vorgetragen. Nach dem Essen bat Erzherzog Johann seine Gäste, in seinen Vorsaal zu kommen. Dort verlas er eine Urkunde. In ihr betonte er, dass er an diesem Ort die Ruhe seines Gemütes wiedergefunden habe. Daher habe er hier zur Ehre Gottes aus Dankbarkeit auch eine Kapelle erbauen lassen. Er habe seinen langjährigen Freund, den Patriarch-Erzbischof Johann Ladislaus Pyrker gebeten, diese am Fest des heiligen Bartholomäus einzuweihen. Erzherzog Johann dankte allen seinen Gästen, dass sie gekommen seien. Dann forderte er den Patriarch-Erzbischof auf, unter die Urkunde seine Unterschrift zu setzen. Auch alle anderen Teilnehmer bat er, als Zeugen die Urkunde zu unterfertigen. Es war ein sehr berührender Moment. Kein Auge blieb trocken.

Bei der Weihefeier der Kapelle des Brandhofs war auch jene Frau dabei, die Erzherzog Johann ein halbes Jahr später heiraten sollte. Er liebte sie seit vielen Jahren: die Postmeisterstochter Anna Plochl. Kaiser Franz weigerte sich lange, der Trauung von Erzherzog Johann und der Bürgerlichen Anna Plochl die Zustimmung zu erteilen. Im Februar 1829 entschloss sich der Kaiser plötzlich, der unstandesgemäßen Hochzeit zuzustimmen, allerdings unter der Bedingung, dass die Hochzeit geheim gehalten werde. Am 18. Februar 1829 um Mitternacht gaben Erzherzog Johann und Anna Plochl einander das Ja-Wort. Das geschah in der Kapelle des Brandhofs, unter Ausschluss der Öffentlichkeit.

85. Die Krönung des Thronfolgers Ferdinand

Kaiser Franz war es ein Anliegen, dass sein Sohn Ferdinand noch zu Lebzeiten seines Vaters zum König von Ungarn gekrönt werde. Dadurch sollte die Thronfolge klar festgelegt sein. Der Kronzprinz Ferdinand, der an körperlichen und psychischen Krankheiten litt, sollte nach dem Tod seines Vaters möglichst

unumstritten die Thronfolge antreten können. Daher fand bereits 1830, also noch zu Lebzeiten seines Vaters, die Krönung Ferdinands zum König von Ungarn in Pressburg statt.

Patriarch-Erzbischof Pyrker reiste aus diesem Anlass nach Pressburg und nahm im bischöflichen Palais von Pressburg als Gast des dortigen Bischofs Quartier. Doch zog er sich auf der Reise ein hohes Fieber zu. In Pressburg angekommen, musste er sofort das Bett hüten. Pyrker war schon vor längerer Zeit auserkoren worden, vor dem Kaiser und dem Thronfolger bei einem Empfang im Namen der sechzig-köpfigen ungarischen Landtagsdeputation eine Ansprache zu halten. Da er am Tag des Empfangs fieberfrei war, nahm Pyrker – auch mit Erlaubnis seines Arztes – an diesem Empfang teil. Der Arzt selbst brachte Pyrker zum Ort des Empfangs: im nahen Schloss von Schlosshof. Der Arzt gab ihm viel Chinin, ein Mittel, das ihn zumindest für eine gewisse Zeit stärken sollte. Patriarch-Erzbischof Pyrker hielt die Ansprache. Doch während der Ansprache erging es ihm elend. Mehrmals fühlte er sich der Ohnmacht nahe. Nach der Ansprache ging er zum Kaiser und zur Kaiserin, die ihm entgegeneilten, seine Hände ergriffen und fragten, was ihm denn fehle. Denn er sehe schrecklich aus. Er erwähnte sein Fieber, verabschiedete sich rasch und fuhr nach Pressburg zurück. Dort konnte er sich die nächsten Tage auskurieren.

Bei der feierlichen Krönung des Thronfolgers Ferdinand zum König von Ungarn in Pressburg assistierte Patriarch-Erzbischof Pyrker dem Primas von Ungarn sowohl in der Kirche als auch bei der Vereidigung auf dem öffentlichen Platz. Beide Bischöfe ritten im vollen Kirchenornat mit der Mitra und dem Pluviale dem neugekrönten König zur Seite.

86. Die neue Kathedralkirche in Erlau

Als Johann Ladislaus Pyrker Erzbischof von Erlau wurde, hatte Erlau als Kathedralkirche nur ein kleines Gotteshaus, das eher einer Dorfkirche glich. Pyrker war von Venedig die herrlichsten Gotteshäuser gewohnt. Die kleine Kathedrale von Erlau empfand er dagegen als beschämend.

Schon die Vorgänger von Pyrker als Erzbischöfe von Erlau wollten die nach dem Abzug der Türken errichtete Kathedrale durch ein würdigeres Bauwerk ersetzen. Es war zumindest schon Geld für dieses Projekt angespart.

Patriarch-Erzbischof Pyrker berief den Architekten Joseph Hild aus Ofen (Budapest) für dieses Projekt. Joseph Hild hatte drei Jahre in Italien sein Fach studiert. Er hatte 1820 das Bauunternehmen seines Vaters in Ofen übernommen. Die Errichtung der Kathedrale von Erlau war sein erstes großes Projekt. Später leitete er auch den Bau der Kathedrale von Gran (Esztergom) und von manchem Stadtpalais in Ofen. Er zeichnete sich aus durch einen nüchternen Klassizismus.

Die Hälfte zur Finanzierung der neuen Kathedrale stand schon bereit durch die Ansparungen, die die früheren Erzbischöfe getätigt hatten. 1830 legte Pyrker seinen Domherren das Projekt vor. Er erhielt von ihnen die Zusage, dass sie ihn unterstützen würden, die restlichen Baukosten aufzubringen. Im Winter 1830/31 ließ Erzbischof Pyrker die alte Kathedrale niederreißen und die Fundamentgruben für die neue Kathedrale ausgraben. Am 22. März 1831 fand die feierliche Grundsteinlegung statt. Die Errichtung der Kathedrale beschäftigte viele ärmere Arbeiter, was in jenen wirtschaftlich schwierigen Jahren für viele arme Leute ein großer Segen war. Bereits im Herbst 1836 war die Kathedrale fast fertig.

Die Kathedrale spiegelte wesentliche Anliegen Pyrkers wider. Auf dem Portal ließ er die Einladung aufschreiben: Venite adoremus Dominum! (Kommt, lasst uns den Herrn anbeten; Ps 94). Die Kathedrale wurde im klassizistischen Stil errichtet, den Pyrker selbst greco-latino, griechisch-lateinischen Stil, nannte. Seine Vorliebe für die griechisch-lateinische Klassik, aber auch für Italien, kam hier, ganz im Trend seiner Zeit, zum Vorschein. Im Inneren befinden sich 36, im Eingangsbereich 8 majestätische Säulen. Der Grundriss entspricht fast dem des Markusdoms von Venedig. Die Türme erinnern an italienische Campanili. Das Hochaltarbild malte sein bevorzugter Maler Josef Danhauser. Es zeigt den heiligen Evangelisten Johannes, der nach einer alten Legende wegen seines christlichen Glaubens in siedendes Öl geworfen wurde, von dort aber unversehrt wieder herausstieg. Der Bildhauer Marco Casagrande aus Venedig schuf vierzehn Flachreliefs für das Kircheninnere. Außerdem stellte er die Statuen an den Eingangsstufen her: von den Heiligen Stephan und Ladislaus, Petrus und Paulus, aber auch die drei Statuen Glaube, Hoffnung und Liebe über dem Eingang der Kathedrale und die zwei Statuen von der göttlichen Gerechtigkeit und von der göttlichen Liebe am linken und rechten Ende der Balustrade über der

VENITE ADOREMUS DOMINUM

Basilika. Der Bildhauer Marco Casagrande richtete dazu eine Werkstatt in Erlau ein. Casagrande verliebte sich in ein Mädchen aus Erlau. Sie war die Tochter des erzbischöflichen Schneiders von Erlau, die er 1845 heiratete. Erst 1848 kehrte er, zusammen mit seiner Frau, nach Italien zurück.

Mehrere Maler aus Venedig (Adeodato Malatesti, Giovanni Schiavoni, Michelangelo Grigoletti, Giovanni Busato) stellten Gemälde für die Seitenaltäre her. Die Kathedrale war im Moment ihrer Fertigstellung die größte Kirche Ungarns. Seit der Fertigstellung der Kathedrale von Gran 1869 ist die Kathedrale von Erlau nur mehr die zweitgrößte Kirche in diesem Land.

Am 7. Mai 1837, um 8 Uhr, begann die feierliche Kirchweihe der neuen Kathedrale. Sie dauerte sieben Stunden. Sieben Diözesan- und drei Titularbischöfe, viele Äbte und Ehrengäste wohnten den Zeremonien bei, die der Patriarch-Erzbischof selbst leitete. Die Predigt hielt der Bischof von Csanád, Joseph Lonovics. Das Militär war vor der Kathedrale ehrenhalber aufgestellt. Etwa 10.000 Leute kamen vor der Kathedrale zusammen, um der Feier beizuwohnen und nach den Zeremonien in die Kathedrale einzutreten. Pyrker bewirtete etwa 250 Gäste bei der Festtafel nach den Feierlichkeiten. Die ganze Stadt feierte. Musiker erfreuten die Menge. Die bunten Uniformen der Soldaten und die ungarischen Trachten der Bevölkerung prägten das Fest. Am Abend war die ganze Stadt hell beleuchtet. Alle Festlichkeiten fanden – ganz im Sinn Pyrkers – harmonisch, ohne Misston, statt. Er konnte zufrieden sein.

87. Die Kathedrale von Gran

Seit 1822 gab es am Sitz des Primas von Ungarn, in Gran (Esztergom), Bauarbeiten zur Errichtung einer neuen Kathedrale. Die Bauarbeiten waren aber ins Stocken geraten, als der Architekt Janos Packh 1839 starb. Nachdem der Architekt Joseph Hild in Erlau die neue Kathedrale so prächtig errichtet hatte, übernahm Hild 1839 die Bauhütte auch für die Kathedrale von Gran. Auch der Bildhauer Marco Casagrande, der von Pyrker nach Erlau gerufen worden war, schuf Werke für die Kathedrale von Gran.

Patriarch-Erzbischof Pyrker verfolgte mit großem Interesse die Bauarbeiten in Gran. Als er hörte, dass der Erzbischof von Gran einen Künstler für das Hochaltarbild suchte, schlug er diesem Josef Danhauser vor. Der Erzbischof von Gran hörte auf den Rat von Pyrker und erteilte Danhauser den Auftrag. Danhauser fertigte bereits eine erste Skizze für das Hochaltarbild von Gran an. Doch eines Tages informierte Danhauser den Patriarch-Erzbischof Pyrker mit einem Brief, dass er ernstlich erkrankt sei. Er könne das Werk unmöglich zu Ende führen. Pyrker besuchte den todkranken Josef Danhauser in Wien, der tatsächlich kurz danach im Alter von 39 Jahren an Typhus starb. Pyrker war sehr betrübt über den Tod des jungen Künstlers.

Er sah sich aber auch verpflichtet, dem Erzbischof von Gran einen anderen Künstler vorzuschlagen, der das Hochaltarbild malen sollte. Seine Wahl fiel auf Michelangelo Grigoletti aus Venedig. Dieser schuf tatsächlich das Hochaltarbild „Mariä Aufnahme in den Himmel“ für die Kathedrale von Gran.

88. Die Cholera und das geheimnisvolle Hausmittel

Die beiden Jahre 1831 und 1832 gingen in der Habsburger-Monarchie als Cholera-Jahre in die Geschichte ein.

Patriarch-Erzbischof Pyrker reiste im Juni 1831 gerade von seiner Erzdiözese Erlau ab, um sich nach Hofgastein zu begeben. Da erhielt er in Wien die Nachricht, dass die Cholera auch in seiner Erzdiözese ausgebrochen sei. Er entschloss sich, seine Reise nach Hofgastein abzubrechen und nach Erlau zurückzufahren. Er staunte, wie schnell sich die Situation in Ungarn innerhalb der letzten Tage verändert hatte. Immer wieder traf er Bauernwachen an, die die Straße absperrten und nach dem Sanitätszeugnis und dem Pass fragten. Sie waren mit Heugabeln bewaffnet und wollten verhindern, dass Cholera-Erkrankte weiterreisten. In Erlau angekommen, erfuhr der Erzbischof auch schon über einige Sterbefälle der Cholera. Verschwörungstheorien breiteten sich aus. Manche meinten, die Herrschaften wollten ihre Untertanen aus dem Weg räumen. Manche im Volk glaubten, die Brunnen seien vergiftet.

Eines Tages erfuhr der Patriarch-Erzbischof, dass einer seiner Pfarrer in Bábolna an der Theiß – er trug den Namen Morvay – ein wirksames Hausmittel gegen Cholera verwende. Der Patriarch-Erzbischof ließ sich diese Heilmethode genau beschreiben. Danach ließ er die Beschreibung in ungarischer und in deutscher Sprache vervielfältigen. Er sandte Exemplare an die Statthalterei in Budapest und an die Hofkanzlei in Wien. Erzherzog Johann ließ sogar über 16.000 Exemplare davon drucken und in der Steiermark verteilen. Auch die Zeitungen verbreiteten dieses Wissen. Bald erhielt Pyrker viele Danksagungen für die Verbreitung der Heilmethode. An vielen Orten erwies sie sich als sehr erfolgreich. Sie bestand in einer intensiven Schwitzkur, bei der dem Kranken Umschläge von Krauseminze, Salbei, Kamille, Wegerich und Wein auf den Magen gelegt wurden. Der Kranke sollte den Absud von Minze, Holunderblüte und Kamille trinken. Bei Krämpfen wurden dem Kranken die Hände, Füße und der ganze Leib mit warmem Essig, Kampfer und Weingeist eingerieben. Er erhielt Krauseminzen-Tee zu trinken und musste Dunstbäder über sich ergehen lassen. Das Hausmittel gegen Cholera soll angeblich eine Wirkungsrate von über 80 Prozent gehabt haben. Nur jene, die durch Alter oder Vorerkrankungen schon sehr geschwächt waren, konnten nicht damit gerettet werden. In Erlau selbst starb ein Prozent der Bevölkerung an der Cholera. In anderen Orten dagegen kamen etwa 10 Prozent der Bevölkerung durch die Cholera um. Patriarch-Erzbischof Pyrker zeigte sich dem Pfarrer Morvay gegenüber für die Bekanntmachung des Cholera-Hausmittels sehr dankbar. Er erwirkte für ihn beim Kaiser die große goldene Ehrenmedaille. Pyrker selbst erkrankte an der Cholera nicht.

89. Abschied von Napoleon dem Zweiten

Kaiser Napoleon und Marie Louise hatten einen gemeinsamen Sohn. Er trug – so wie sein Vater – den Namen Napoleon. Gleich nach seiner Geburt wurde er von seinem Vater als König von Rom proklamiert. Viele nannten ihn einfach Napoleon den Zweiten. Nach der Besiegung Napoleons lebte er am Kaiserhof in Wien. Sein Großvater mütterlicherseits, der österreichische Kaiser Franz, verlieh ihm den Titel eines Herzogs von Reichstadt. Unter Aufsicht des Kaisers Franz erhielt er eine sorgfältige Erziehung.

Johann Ladislaus Pyrker kannte den Herzog von Reichstadt seit dessen Kindheit. Seine Mutter, Kaiserin Marie Louise, hatte ihn dem damaligen Abt vorgestellt. Ab und zu traf er ihn. Durch die losen Begegnungen entstand eine gute Beziehung zwischen dem Patriarch-Erzbischof Pyrker und dem jungen Herzog Napoleon von Reichstadt.

Als der Herzog von Reichstadt trotz seines jugendlichen Alters schwer erkrankte, traf der Obersthofmeister des Herzogs zufällig den Patriarch-Erzbischof Pyrker in Wien. Der Obersthofmeister bat Pyrker, den kranken Herzog Napoleon zu besuchen.

Pyrker fuhr zu dem jungen Herzog nach Schönbrunn. Dieser war bleich und abgezehrt, ein Bild des Todes. Als Pyrker bei ihm eintrat, bat der junge Napoleon den Patriarch-Erzbischof, neben ihm am Kanapee Platz zu nehmen.

Der junge Napoleon meinte, dass er – so wie sein Vater – an einer Flechte im Magen erkrankt sei. Die Ärzte hätten eine völlig falsche Ansicht, wenn sie meinten, es fehle ihm in der Brust. Er freue sich sehr, bald wieder gesund zu werden und nach Ischl zu reisen. Immer wieder unterbrach heftiges Husten seine Worte. Pyrker ergriff seine Hand und sagte ihm, er habe gehört, dass er, lebhaft wie er immer war, jetzt auch bei dieser Krankheit sehr ungeduldig sei. Geduld würde aber auch gesund sein. Bei diesem Wort sah der Herzog den Patriarch-Erzbischof lächelnd an und sagte: „Geduld haben? Das wäre jetzt eine Kunst!". Bei einem neuen Anfall seines Hustens stand Pyrker auf. Der junge Napoleon drückte die rechte Hand des Patriarch-Erzbischofs an seine eigene Brust und sagte ihm zum Abschied: „Sie waren stets mein Freund – ich danke Ihnen für den heutigen Besuch – leben Sie wohl!". Pyrker wollte den Prinzen nicht weiter anstrengen und trat eilig aus dem Zimmer hinaus.

90. Schwierigkeiten bei der Wahl der Beamten im Komitat Erlau

Alle drei Jahre war die Wahl aller Beamten des Komitats vorgesehen. Besonders heikel war jeweils die Wahl des Vizegespans des Komitats, außerdem die Wahl des Landtagsabgeordneten als Vertreter des Komitats im ungarischen Landtag.

Als Obergespan des Komitats Erlau stand der Erzbischof von Erlau diesen Wahlen vor. Im Jahr 1833 kam es zu einem Zwischenfall bei den Wahlen im Komitat von Erlau. Die eine Partei stürmte das Haus, in dem die Politiker der anderen Partei nächtigten. Es kam dabei sogar zu Todesfällen. Am nächsten Tag besetzte die gewalttätige Partei den Komitatssaal und forderte vom Obergespan, das heißt vom Patriarch-Erzbischof Pyrker, bestimmte Reformen. Pyrker widersetzte sich standhaft allen Forderungen der Aufständischen und verschob die Wahl. Er forderte die Anwesenden auf, nach Hause zu gehen. Pyrker erreichte damit, dass wieder Ruhe in Erlau einkehrte. Er wollte nicht, dass eine Gruppe mit Gewaltanwendung ihre Ziele durchsetzte. Er beauftragte eine Untersuchungskommission, den Vorfall genau zu prüfen und die Schuldigen vor Gericht zu stellen. Auch wenn Pyrker die Situation beruhigen konnte, setzte ihm dieser Vorfall sehr zu. Für Pyrker war dieses Ereignis ein Anlass, sich von der Politik zurückzuziehen und einen Stellvertreter für seine politische Funktion als Obergespan einzusetzen.

91. Die Gründung des ungarischen Nationalmuseums

Im Mai 1836 tagte der ungarische Reichstag in Ofen (Budapest) und beschloss dabei die Erbauung eines ungarischen Nationalmuseums. Nach der positiven Abstimmung zu diesem Antrag erhob sich der Patriarch-Erzbischof Pyrker und bat um das Wort. Er lobte die Entscheidung des Reichstags und bot seine eigene private Gemäldesammlung dem neuen Nationalmuseum als Geschenk an. Die Abgeordneten des Landtags beantworteten diese großzügigen Worte Pyrkers mit großem Jubel und Applaus.

Johann Ladislaus Pyrker hatte in seiner Zeit in Venedig angefangen, prächtige Kunstwerke, vorwiegend Gemälde, zu sammeln. Ungefähr 190 Gemälde konnte er dem ungarischen Nationalmuseum anbieten. Unter ihnen befinden sich so wichtige Gemälde wie das Bildnis der Königin Caterina Cornaro von Gentile Bellini. Pyrker war einer der ersten, die das ungarische Nationalmuseum mit einer Sammlung beschenkten. Zunächst musste allerdings noch das Gebäude des Nationalmuseums errichtet werden. 1844 konnte der Direktor des ungarischen Nationalmuseums die Gemäldesammlung Pyrkers in Empfang nehmen. Nach der Errichtung des ungarischen Museums der schönen Künste 1906 in Budapest wanderte die Sammlung dorthin.

92. Stiftungen für das Militär und für soziale Zwecke

Patriarch-Erzbischof Pyrker war es wichtig, arme pflichtbewusste Leute zu unterstützen. Er selbst hatte einst als junger Mann die Armut am eigenen Leib kennengelernt. Er wollte mittellosen Menschen helfen, die unschuldig in Armut geschlittert waren und gleichzeitig redliche Bürger waren.

Er hielt nichts davon, einfach Geld zu verschenken. Er war überzeugt, dass mit Häusern besser geholfen werden könne als mit Geldbeträgen. Die Währungen waren ja gerade damals oft Schwankungen und Entwertungen ausgeliefert. Pyrker wollte nachhaltig und langfristig Hilfe leisten.

In Hofgastein übereignete er ein Badehaus 1832 dem kaiserlich-königlichen Militär. Pyrker hatte dieses Haus ursprünglich für sich selber erworben und als Badehaus eingerichtet. Er hatte aber bald gemerkt, dass es für seine Bedürfnisse viel zu groß war. Er ließ sich eine neue Villa in Hofgastein bauen und schenkte das Badehaus dem Militär. Es stand von nun an kranken Soldaten für den Zeitraum einer Kur gratis zur Verfügung. Kaiser Franz freute sich sehr über diese Schenkung Pyrkers an das Militär. Im ersten Stockwerk konnten 36 einfache Soldaten einquartiert werden, im zweiten Stock waren Unterkünfte für 10 Offiziere eingerichtet. Die Militärbehörde dankte dem Wohltäter Johann Ladislaus Pyrker mit einem Gedenkstein aus Marmor, den sie über den Eingang setzen ließ.

In Karlsbad wandte sich der Militärkommandant Anton Joachim Graf Gorcey mit einem sozialen Anliegen an den Patriarch-Erzbischof Pyrker. Graf Gorcey war um seine Dienstkameraden sehr besorgt. Er plante seit langem, für verarmte Offiziere ein Militärbadehaus zu errichten. Er hatte zu diesem Zweck bereits viele Benefizveranstaltungen organisiert, aber viel zu wenig Geld dabei eingenommen. Pyrker erklärte sich bereit, ihm bei seinem Anliegen großzügig zu

helfen. Auch ihm lag die Unterstützung verarmter Offiziere am Herzen. 1837 kaufte Pyrker in Karlsbad ein Haus für das kaiserlich-königliche Militär. Er sorgte auf diese Weise dafür, dass von da an für unbemittelte Offiziere des Militärs in Karlsbad ein eigenes Kurhaus zur Verfügung stand. Groß war der Dank von Graf Gorcey und der in Karlsbad versammelten Offiziere an Pyrker, als das Haus 1839 in einem festlichen Akt in Anwesenheit von Pyrker seiner Bestimmung übergeben wurde.

In Erlau schenkte der Patriarch-Erzbischof 1842 der Stadtverwaltung von Erlau ein geräumiges Haus in der Nähe der Kathedrale. Dieses Haus sollte fortan für die Offiziere des kaiserlich-königlichen Infanterie-Regimentes verwendet werden. Außerdem hinterlegte er eine namhafte Summe, von deren Zinsen die laufenden Reparaturkosten erlegt werden sollten. Pyrker verschaffte damit den Offizieren eine passende Unterkunft. Gleichzeitig ersparte er der Stadtverwaltung von Erlau viel Geld, weil diese verpflichtet war, Offiziere kostenlos zu beherbergen.

1841 stellte Pyrker ein Haus, das ihm in Wien in der Renngasse (Nr. 8) gehörte, der Wiener Blindenanstalt unentgeltlich zur Verfügung. Er verband diese Schenkung mit einer Bitte: die Blinden, die in diesem Haus lebten, sollten einst jedes Jahr an seinem Sterbetag in einer heiligen Messe für ihn beten.

93. Die Gründung der österreichischen Akademie der Wissenschaften

Der Orientalistik-Experte Freiherr Joseph von Hammer-Purgstall setzte sich seit 1837 mit anderen Gelehrten für die Errichtung einer österreichischen Akademie der Wissenschaften ein. Im Februar 1846 wurde die offizielle Erlaubnis des Kaisers ausgestellt, dass die österreichische Akademie der Wissenschaften errichtet werden darf. Nun galt es, eine Reihe von prominenten Gründungsmitgliedern für diese Institution zu finden. Patriarch-Erzbischof Johann Ladislaus Pyrker stand sehr früh als Gründungsmitglied fest. Einerseits war er ein angesehener Schriftsteller, anderseits stand er dem Hof nahe und konnte dadurch wertvolle Vermittlungsdienste leisten. Diese waren auch notwendig, da einer

der Haupt-Initiatoren zur Gründung der österreichischen Akademie der Wissenschaften, Joseph von Hammer-Purgstall, wegen seiner kritischen Haltung zur Zensur bei Hof nicht angesehen war. Pyrker setzte sich dafür ein, dass dessen führende Rolle vom Hof nicht beschnitten wurde. Im Mai 1847 kam es zur Unterzeichnung des Gründungspatents für die kaiserliche Akademie der Wissenschaften in Wien. Etwa vierzig Mitglieder, unter ihnen auch Franz Grillparzer, wurden als Mitglieder dieser Akademie eingeschrieben. Der Kaiser ernannte seinen Onkel, Erzherzog Johann, zum Kurator der Akademie. Am 27. Juni 1847 fand die Gründungssitzung statt. Sie wurde in einem Saal des kaiserlich-königlichen Polytechnischen Instituts, heute die Technische Universität, beim Karlsplatz in Wien abgehalten. Dreiundzwanzig Gründungsmitglieder nahmen daran teil. Den Vorsitz hatte der Älteste unter ihnen inne, der Patriarch-Erzbischof Johann Ladislaus Pyrker. Er, der bereits unter mehreren Krankheiten litt, hielt eine Rede, deren Konzept er sich von Hammer-Purgstall hat dankbar aufsetzen lassen. Die Mitglieder der Akademie der Wissenschaften selbst wählten bei dieser Gründungssitzung Hammer-Purgstall zu ihrem ersten Präsidenten.

H. Abschied für immer

94. Ein letzter Besuch in Venedig

Im Jahr 1837 kehrte Pyrker nochmals in seine einstige Diözese Venedig zurück. Er hatte dort viele Freunde. Vor allem der neue Patriarch, Jacopo Monico, war ihm sehr verbunden. Die Wohltätigkeitskommission war ihm sehr dankbar für seinen Einsatz um die Rückerstattung der Güter. Die Handelskammer war voll Dankbarkeit aufgrund seines Wirkens zur Ermöglichung des Freihandelshafens. Er hatte viele Freunde im Klerus und im Volk.

Er freute sich, dass er in sein „liebes Venedig" zurückkehren konnte. Es kam ihm alles noch sehr bekannt vor. Sein Nachfolger als Patriarch, Kardinal Monico, sandte dem Patriarch-Erzbischof Pyrker ein Empfangskomitee entgegen, bei der auch der Bürgermeister (Podestà) von Venedig, Graf Correr, dabei war. Dieses Empfangskomitee reiste dem Patriarch-Erzbischof Pyrker mit der Gala-Gondel des Patriarchen nach Mestre entgegen. Patriarch Monico empfing seinen Vorgänger an der Riva. Pyrker konnte bei seinem Nachfolger im Palazzo Querini wohnen. Fünf Tage hielt sich Pyrker in Venedig auf. Er wurde zu glänzenden Banketts und Soirées eingeladen. Festliche Musik ertönte jeden Abend vor seinen Fenstern. Doch sein Aufenthalt in Venedig war von einer Krankheit sehr überschattet: Er litt gerade in diesen Tagen in Venedig an furchtbaren Gesichtsschmerzen. Er hatte schon seit einiger Zeit die Krankheit, die Tic douloureux oder Trigeminusneuralgie genannt wird. Manchmal zeigte sie sich nur wenig, manchmal dagegen äußerte sie sich mit vielen aufeinanderfolgenden stechenden Schmerzattacken. Er saß viele Stunden in Venedig zurückgezogen in seiner Unterkunft. Er konnte mehrere Stunden niemanden empfangen. Er konnte vor Schmerzen kaum sprechen. Jahrelang hatte er sich darauf gefreut, seine Freunde und Bekannten in Venedig wiederzusehen. Jetzt war er zwar in Venedig; doch er war gezwungen, viele Stunden unter größtem Schmerz allein zu sein. Bald verließ er Venedig wieder, still und leise. Erst als das Wetter sich entlang seiner Reise änderte, ließ auch sein Gesichtsschmerz wieder nach.

95. Bleibende Verbindung mit Lilienfeld und Türnitz

Als Pyrker noch Patriarch in Venedig war, blieb er mit Lilienfeld dennoch eng verbunden. 1823 ließ er ein Bild von der Mutter Gottes mit dem Jesus-Kind vom Maler Johann Nepomuk Höfel malen. Er sandte es nach Lilienfeld und bestimmte es für die kleine Kapelle des Klosteralmhauses am Lilienfelder Hausberg, dem Muckenkogel. Am 6. Dezember 1824 stiftete er eine Dankmesse für den Weidesegen, die in der Klosteralmkapelle von nun an gefeiert werden sollte. Außerdem solle dabei immer eine Bergpredigt gehalten werden. Er dachte wohl in Venedig an seine Zeit als Waldmeister zurück, als er durch die Wälder ritt, auf der Klosteralm eine Quelle entdeckte und sich manchmal einfach ins Gras legte, um den Wolken zuzusehen.

Sein Goldenes Einkleidungs-Jubiläum wollte der Patriarch-Erzbischof Pyrker in seinem Kloster Lilienfeld feiern. Am 18. Oktober 1792 war er dort als Novize eingetreten. Fünfzig Jahre danach wurde er von Abt Ambros des Stiftes eingeladen, als Patriarch-Erzbischof sein Jubiläum mit einer Festmesse zu begehen. Bereits Anfang Oktober 1842 fuhr er nach Wien, um von dort aus die Feierlichkeiten vorzubereiten. Er ließ einen prächtigen silber- und goldbestickten Ornat herstellen und dem Stift Lilienfeld rechtzeitig senden und übereignen.

Am Vorabend des Festes kam Pyrker in Lilienfeld an. Ein prächtiges Feuerwerk wurde am selben Abend in Anwesenheit des Patriarch-Erzbischofs und vieler Festgäste gegeben. Eine eigens zu diesem Anlass gedichtete Festkantate des Dichters Franz von Castelli wurde vorgetragen. Das Stift und der vor ihm liegende Teich waren festlich erleuchtet. Viele Menschen feierten bis tief in die Nacht die Ankunft von Johann Ladislaus Pyrker.

Am 18. Oktober 1842 selbst begannen die Feierlichkeiten mit einem festlichen Einzug in die Stiftskirche. Pyrker war ergriffen, als er beim Einzug eine Bürgersfrau aus Türnitz rufen hörte: „Ja, er ist's, unser Pfarrer Ladislaus!". Einige Bischöfe und Domherren waren angereist, viele Äbte, Priester und Gläubige feierten mit. Unter den Ehrengästen reihte sich auch Erzherzog Johann ein. Abt Ambros hielt vor dem Hochamt eine Festrede. Die Musik des Hochamtes beeindruckte tief. Während der Mittagstafel wurde die von Neukomm komponierte Arie gesungen. Der Text stammte von Pyrker selbst: „Sei mir gegrüßt im tiefsten Grund der

Seele, Stift Lil'jenfeld, im wonnig schönen Tal! Mein Glücksstern wollte, daß ich dich erwähle zum Lebensziel', und lohnend war die Wahl". Nach diesem Fest 1842 in Lilienfeld kam Pyrker nur mehr selten in sein Kloster zurück.

In der Pfarre Türnitz, wo Pyrker einst Pfarrer war, ließ er 1844 eine Messe stiften. Sie war mit 1000 Gulden dotiert. In Türnitz sollte jedes Jahr an seinem Sterbetag eine heilige Messe gefeiert werden. Außerdem überließ er der Pfarrkirche von Türnitz ein Messgewand, das er einst von der Stadt Venedig erhalten hatte und nun seiner Pfarre Türnitz übergab.

Seinen allerletzten Besuch im Stift Lilienfeld wenige Monate vor seinem Tod beschrieb ein Sängerknabe des Stiftes Lilienfeld: „An einem Sommermorgen war der Erzbischof von Erlau, Ladislaus Pyrker, in Lilienfeld angekommen. Ich sehe ihn noch vor mir. Pyrker war von mittelgroßer Gestalt, die schreckliche Krankheit hatte furchtbare Spuren in sein Gesicht gezeichnet, nur sein braunes Auge, das warme Dichterauge sah ich noch hell erglänzen, als er uns Sängerknaben erblickte. [...]. Der Patriarch-Erzbischof betete trotz seines schweren Leidens das Chorgebet mit seinen Brüdern im Stift mit. Es wurde ihm auf seinem Platz ein Samtpolster hingelegt, um seine Krankheit erträglicher zu machen. Er stiftete noch ein Stipendium für begabte Studenten armer Eltern. Als er wieder abreiste, warf er noch einen wehmütigen Blick zurück auf sein schönes Werk, auf Stift und Kirche, es war ein Abschied für immer".

96. Die vorzeitige Nachricht von Pyrkers Tod

Im Juni und Juli 1846 erteilte Erzbischof Pyrker noch Tausenden Firmlingen in seiner Erzdiözese Erlau und – als Aushilfe – auch in Nachbardiözesen das Sakrament der Firmung. Danach litt er aber so sehr an einer Entzündung der Atmungsorgane, dass er sich auf schnellstem Weg nach Karlsbad aufmachte. Dort angelangt, erklärten ihm die Ärzte, dass das Karlsbader Wasser bei einem Katarrh eher schaden als nützen würde. Er erhielt viel Medizin. Sein Husten wurde aber immer schlimmer. Am 14. August 1846 erlitt er einen so heftigen Hustenanfall, dass er sich dem Tod nahe fühlte. Am nächsten Tag ließ er zusätzlich zu seinem schon in Erlau hinterlegten Testament noch einige Verfügungen anordnen. Im Falle seines Ablebens in Karlsbad sollte er einfach in Karlsbad bestattet werden, um niemandem wegen eines Transports des Leichnams große Umstände zu bereiten. Er empfing die Sterbesakramente. Seine Bekannten in Karlsbad zweifelten nicht mehr an seinem nahen Tod. Aber allmählich besserte sich sein Zustand wieder. Er erfuhr viel Anteilnahme an seinen Gesundheitsproblemen. Er empfing Besuche. Die Ärzte befahlen ihm Schonung. Heimlich schrieb er vor allem an seiner Autobiographie weiter. Sobald es ihm einigermaßen wieder gut ging, brach er – gegen den Willen der Ärzte – nach Hofgastein auf. Er war sich sicher, allein das dortige Wasser könne ihn wieder zu Kräften kommen lassen. Mit einem Tragsessel wurde er in den Wagen gesetzt, der sich am 1. September 1846 Richtung Hofgastein aufmachte. Als sie in Linz an der Poststation rasteten, bekam Johann Ladislaus Pyrker die Augsburger Allgemeine Zeitung zu lesen. Dort stand schwarz auf weiß, dass der Patriarch-Erzbischof Pyrker am 26. August 1846 in Karlsbad verstorben sei. Wenig später wurde ihm von Bekannten eine Ausgabe der englischen Zeitung Athenaeum zugesandt, die ebenfalls den Tod des Patriarch-Erzbischofs Pyrker meldete.

Als Pyrker in Hofgastein ankam, erregte das großes Aufsehen. Bei der ersten Nachricht vom Tod des Patriarch-Erzbischofs hatten sie gleich für den folgenden Tag ein Requiem für ihn angeordnet. Doch nun weinten die Leute von Hofgastein vor Freude, dass sie ihn nun doch lebend wieder sahen. Er war zwar ganz schwach. Er musste aus dem Wagen gehoben und über die Treppe in die für ihn bestimmten Zimmer des Gasthofes getragen werden. Aber er lebte.

Die Bäder von Hofgastein bewirkten beim erschöpften Pyrker, dass er bereits nach einer Woche wieder einigermaßen hin- und hergehen konnte. Der Gubernialsekretär Angeli von Venedig kam eigens angereist, um ihn wiederzusehen. Er teilte ihm auch die Stimmung mit, die sein vermeintlicher Tod in Venedig ausgelöst hatte: „Abbiam molto pianto la Sua morte!“, „Wir haben Ihren Tod sehr beweint“.

Nach einem Aufenthalt von drei Wochen in Hofgastein konnte der Patriarch-Erzbischof, durch die Bäder wieder gestärkt, sich wieder Richtung Erlau aufmachen.

97. Letzte Feiern in Erlau und Hofgastein

In Erlau angekommen, widmete sich Pyrker den Vorbereitungen der Feier seines Goldenen Priesterjubiläums. Allmählich verschlimmerte sich aber wieder sein Problem mit der Lunge. Ein Lungenödem wurde festgestellt. Am 5. Dezember 1846 zweifelte er wegen seiner gesundheitlichen Probleme sehr, ob er sein Goldenes Primizjubiläum am 8. Dezember wirklich feiern werde könne. Er raffte seine ganze Kraft zusammen und hielt die Feiern zu seinem 50-jährigen Jubiläum der Primiz durch. Drei Stunden dauerten die Feiern. Vier ungarische Diözesanbischöfe, viele weitere geistliche und weltliche Würdenträger waren anwesend. Es gab zahlreichen Reden, Toaste und eine herrliche Festbeleuchtung, großartige Musik und beeindruckenden Pomp. Am meisten aber erfreute den Patriarch-Erzbischof die große Menge von einfachen Gläubigen, die in der majestätischen Kathedralkirche in ergreifender Andacht versammelt waren. Das Domkapitel ließ eine schöne Gedenkmünze anlässlich dieses Festes prägen.

Bald nach den Feierlichkeiten verschlechterte sich der Gesundheitszustand von Patriarch-Erzbischof Pyrker. Sein Lungenleiden bewirkte starke Hustenanfälle und Atemnot.

Im Juli und August 1847 verbrachte er die meisten Tage in Hofgastein. Die Bäder brachten ihm wieder Erleichterung. In Hofgastein nahm er am Fest anlässlich der Enthüllung des Denkmals für Kaiser Franz teil. Dieses Denkmal hatte Pyrker in Hofgastein setzen lassen. Das Fest wurde am 15. August 1847 mit einem Zapfenstreich der örtlichen Musikkapelle, mit einem feierlichen Gottesdienst, mit einem Festzug und unter Teilnahme von vielen Ehrengästen und von 130 Böcksteiner Knappen durchgeführt. Es fand nicht nur zu Ehren des verstorbenen Kaisers Franz statt. In den Festreden wurde auch dem Wohltäter Pyrker großzügig gedankt.

98. Das Sterben

Pyrker kam Anfang Oktober 1847 von Erlau her in Wien an. Er bezog dort seine Wohnung im Wiener Neustädter Hof, der damals im Besitz des Zisterzienserklosters Neukloster war und heute der Zisterzienserabtei Heiligenkreuz gehört. Er hatte ursprünglich vor, den Winter 1847/48 in Venedig zu verbringen. Doch sein schlechter Gesundheitszustand bewirkte, dass er nur bis Wien kam.

Seinem Sekretär vertraute er an: „Ich kam nach Wien, um zu sterben“. Große Schwäche und ein furchtbarer Husten quälten ihn. Er erledigte mit Hilfe seines Sekretärs die Korrespondenz. Am 28. Oktober 1847 empfing er die Sterbesakramente.

Zu seinem 75. Geburtstag am 2. November langten viele Briefe und Glückwunschschreiben ein. Sie alle ließ er durch seinen Sekretär beantworten. Er sandte seinen Sekretär in das Theater und zu öffentlichen Ereignissen. Dieser sollte ihm Bericht erstatten, über alles, was er sah. Denn, auch wenn Pyrker todkrank darniederlag, er interessierte sich weiterhin für alles.

Am 29. November 1847 verfasste Pyrker einen Zusatz zu seinem Testament, der seine letzten Verfügungen hinsichtlich seiner Diener und seiner letzten Ruhestätte in Lilienfeld festlegte.

Am Vormittag des 1. Dezember beschäftigte sich Pyrker noch mit einer seiner Lieblingslektüren, dem „Orlando Furioso“ des Ariost. Ein Arzt, der ihn gegen 11 Uhr aufsuchte, kündigte ihm sein baldiges Ende an. Am Abend des 1. Dezember kam auf Wunsch von Pyrker ein Priester. Mit größter Reue und Andacht empfing der Patriarch-Erzbischof die Beichte und den Leib des Herrn. Er sprach laut zusammen mit dem Priester Gebete und bekannte seinen Glauben an alles, was die katholische Kirche lehrt. Er erklärte, allen aus ganzem Herzen zu verzeihen, die ihm etwas angetan haben.

Er sagte den Umstehenden, gegen 2 Uhr sei es aus mit ihm. Er war einige Zeit sehr unruhig, ließ sich alle fünf Minuten umbetten und klagte über furchtbare Hitze. Kurz vor Mitternacht wurde er ruhiger, legte sich hin und machte etwa 30-mal das Kreuzzeichen, wobei er oft die Namen Jesus und Maria seufzte. Gegen Mitternacht sagte er: „Ist alles in Ordnung?“. Das sollten seine letzten Worte sein. Ab kurz nach Mitternacht lag er bewegungslos auf seinem Bett. Die

Augen wurden starr. Er kämpfte unter wenig Röcheln, aber unter manchem Stöhnen mit dem Tod. Am 2. Dezember, um genau 4 Uhr früh, hörte er zu atmen auf. Sein Sekretär Béla Tárkányi, sein treuer Kammerdiener Ferenc Papp und ein Barmherziger Bruder waren Zeugen seines Todes. In das Sterbebuch wurde „Altersschwäche" als Todesursache vermerkt.

99. Das Begräbnis

Am 3. Dezember 1847 wurde der Leichnam obduziert. Der Domherr Mariassy aus Erlau eilte nach Wien. Am 5. Dezember brachten die Kleriker des Pazmaneums den Leichnam vom Wiener Neustädter Hof in einer feierlichen Prozession zur Peterskirche. Ein Vortragekreuz führte die Trauerprozession an. Viele Leute kamen in die Peterskirche, um dem Verstorbenen die letzte Ehre zu erweisen. Bischof János Hám von Szatmár hielt in der Peterskirche die erste feierliche Einsegnung für den Verstorbenen.

Am 6. Dezember um etwa fünf Uhr früh brach der Wagen mit dem Leichnam Pyrkers von der Wiener Innenstadt Richtung Lilienfeld auf. Dort kam der Sarg gegen fünf Uhr nachmittags an. Die Glocken läuteten zum Empfang. Vor der Stiftskirche warteten Abt Ambros und seine Mitbrüder, feierlich in Kukulle gehüllt, um den verstorbenen Mitbruder und Patriarch-Erzbischof wiederaufzunehmen. Der Sarg wurde vom Wagen gehoben, auf eine Bahre gesetzt und in Begleitung von vielen brennenden Kerzen in einer feierlichen Prozession durch das Hauptschiff der Kirche und den Kreuzgang in den Kapitelsaal gebracht. Der Sarg wurde geöffnet und die Identität des verstorbenen Patriarch-Erzbischofs bestätigt. Der Konvent der Mönche sang Psalmen. Der Abt nahm die Einsegnung vor. Im Kapitelsaal blieb der geöffnete Sarg auf einem Trauergerüst und in hellem Kerzenschein zwei Tage aufgebahrt. Viele Leute zogen an ihm vorbei und beteten für den prominenten Verstorbenen. Am 9. Dezember feierte der Bischof von St. Pölten, Pyrkers Freund Anton Buchmayer, unter der Assistenz mehrerer Domherren und des Abtes von Lilienfeld in Anwesenheit vieler prominenter und einfacher Kleriker und Gläubigen in der Lilienfelder Stiftskirche das Requiem.

Der Prior des Klosters geleitete mit seinen Mitbrüdern und unter Anteilnahme vieler Leute den Leichnam auf den Friedhof, wo der Sarg Pyrkers in einem einfachen Erdgrab seine Ruhestätte fand.

Auch in Erlau fanden ein Requiem und ein Begräbnis für den verstorbenen Patriarch-Erzbischof Pyrker statt. Weil dieser aber in seinem kurzfristig in Wien verfassten Testament bestimmt hatte, im nahen Lilienfeld bestattet zu werden, wären die Begräbnisfeierlichkeiten in Erlau zunächst völlig entfallen. Durch die Entscheidung des Testamentsvollstreckers Pyrkers und Domherrn von Erlau, Sandor Levay, wurde dem Leichnam Pyrkers vor seiner Bestattung das Herz entnommen. Das Herz des Patriarch-Erzbischofs erhielt bei einer würdigen Begräbnisfeier in Erlau seine letzte Ruhestätte. Seither ruht Pyrkers Herz in der Gruft, die Pyrker in der Kathedrale von Erlau einst für sich hat vorbereiten lassen.

Auch in Zips wurde für den einstigen Bischof Johann Ladislaus gebetet. Doch war dort der Bischofssitz gerade vakant. Denn ein halbes Jahr vor Pyrker war sein Nachfolger als Bischof von Zips, Jozef Bélik, verstorben. Die Gläubigen konnten ihre beiden zuletzt amtierenden Bischöfe gleichzeitig betrauern.

In Venedig feierte am 16. Dezember 1847 der Patriarch Giacomo Kardinal Monico ein feierliches Requiem für den verstorbenen Patriarch-Erzbischof Pyrker. Die Domherren, die Oberen der Klöster, viele weitere Prominente und zahlreiche einfache Gläubige nahmen an der Trauerfeier teil. Patriarch Monico würdigte das Wirken von Patriarch Pyrker in einer eindrucksvollen und bewegenden Ansprache. Er rief die Venezianer auf, ihrem einstigen Patriarchen Pyrker ewig dankbar zu sein.

100. Die Auferstehungkapelle

Pyrker hat in seinem Zusatz zum Testament vom 29. November 1847 verfügt, am Lilienfelder Friedhof bestattet zu werden. Als er diesen Zusatz zum Testament verfasste, weilte er gerade sterbend in Wien. Er wollte, dass sein Leichnam nicht den langen Weg nach Erlau transportiert werden müsse. So entschied er sich für die letzte Ruhestätte in seinem Kloster Lilienfeld. Dort, wo auch seine Lilienfelder Mitbrüder ihre Gräber hatten, wollte auch er beerdigt sein. Er verfasste eine

PYRKER

kurze lateinische Inschrift, die die Grabplatte aus rotem Marmor haben sollte. In deutscher Übersetzung lautet sie: Die sterblichen Überreste des hochverehrten hochwürdigsten Herrn Johann Ladislaus Pyrker, geboren am 2. November 1772, gestorben am 2. Dezember 1847. Sie mögen in Frieden ruhen.

„Kein Wort mehr oder weniger", hatte er in seinem Zusatz zum Testament angeordnet. Immer wieder kamen Stimmen auf, die sagten: Diese einfache Ruhestätte für den einstigen Bischof von Zips, Patriarchen von Venedig und Erzbischof von Erlau ist unpassend, keineswegs genug würdig. Diese hohe Persönlichkeit sollte in einer schönen Gruft unter einer Kapelle bestattet sein. Der Lilienfelder Abt Alberich Heidmann entschloss sich, ein solches Vorhaben umzusetzen. Im Jahr 1888, im siebzigsten Jahr nach der Ernennung Pyrkers zum Bischof von Zips, ließ Abt Alberich eine Gruft und darüber eine kleine Kapelle am Lilienfelder Friedhof erbauen. Am 18. Dezember 1888 erfolgte die Exhumierung der Gebeine von Patriarch-Erzbischof Johann Ladislaus Pyrker, kurz danach die feierliche Beisetzung in der neuen Gruft. Diese wurde für Pyrker, aber auch für die weiteren Lilienfelder Äbte bestimmt. Der Sarg Pyrkers liegt direkt unter dem Altar der Kapelle. Am Scheitel der Kapelle befindet sich ein Fenster mit Glasmalerei. Es zeigt die Auferstehung Christi.

Bilderklärungen

S. 84: Patriarch Pyrker als Freund der Kinder (Kap. 59)

S. 87: Patriarch Pyrker koordiniert die Löschung des brennenden Dogenpalastes (Kap. 62)

S. 91: Patriarch Pyrker auf Besuch in Rom (Kap. 65)

S. 93: Papst Pius VII. und Patriarch Pyrker (Kap. 66)

S. 110: Patriarch Pyrker veranlasst das Experiment, vom Gasteiner Wildbad warmes Wasser über eine weite Wegstrecke zu transportieren, ohne dass das Wasser stark abkühlt (Kap. 77)

S. 113: Patriarch Pyrker und der Komponist Franz Schubert in Gastein

S. 122: Patriarch-Erzbischof Pyrker betet in Erlau am neu errichteten Kalvarienberg (Kap. 83)

S. 125: Die Krönung von König Ferdinand in Pressburg, in Anwesenheit der Erzbischöfe von Erlau und Gran (Kap. 85)

S. 128: Patriarch-Erzbischof Pyrker vor der neu errichteten Kathedrale von Erlau (Kap. 86)

S. 132: Johann Ladislaus Pyrker im Gespräch mit dem kranken Herzog Napoleon von Reichstadt (Kap. 89)

S. 136: Johann Ladislaus Pyrker schenkt sein Haus in Hofgastein dem österreichischen Militär (Kap. 92)

S. 138: Die Gründung der österreichischen Akademie der Wissenschaften mit Freiherr Josef von Hammer-Purgstall, Patriarch-Erzbischof Johann Ladislaus Pyrker und Erzherzog Johann (Kap. 93)

S. 147: Die Aufbahrung des Leichnams von Patriarch-Erzbischof Pyrker im Kapitelsaal des Stiftes Lilienfeld (Kap. 99)

S. 149: Ein Blick in die Auferstehungskapelle über der Äbtegruft von Lilienfeld (Kap. 100)

Literaturnachweis

A. Kindheit und Jugendzeit

1. Der Besuch des Räubers: Dobersberger 13–18; Pyrker 2.
2. Vom Krampus verschleppt: Dobersberger 19–23; Pyrker 2–3.
3. Der Kindheitstraum: Soldat werden: Dobersberger 23; Pyrker 3–4.
4. Die erste Liebe: Dobersberger 28; Pyrker 5.
5. Ein armer Beamter: Dobersberger 30–32; Pyrker 5–6.

B. Die Italien-Reise des jungen Johann Pyrker

6. Die Begegnung mit dem Grafen aus Palermo: Dobersberger 36–39; Pyrker 6.
7. Der erste Aufenthalt in Venedig: Dobersberger 39–40; Pyrker 8–9.
8. Der Tabaktrafikant in Neapel: Dobersberger 40–41; Pyrker 13–14.
9. Der teure Gasthof in Neapel: Dobersberger 41; Pyrker 12–15.
10. Italien genießen: Pyrker 11. 15.
11. Probleme mit dem Pass: Dobersberger 41; Pyrker 16–17.
12. Ein kameradschaftlicher Freund in der Fremde: Pyrker 16–18.
13. Die Faust für den Spötter: Pyrker 18–21.
14. Die Begegnung mit algerischen Piraten: Dobersberger 41–42; Pyrker 21–22.
15. Ein fürchterlicher Gewittersturm auf dem Meer: Dobersberger 44; Pyrker 22–23.
16. Betrogen von einem Reisegefährten: Pyrker 24–25.
17. Das letzte Geldstück: Dobersberger 44; Pyrker 25–26.
18. Die Wanderung über den Kleinen Sankt Bernhard: Dobersberger 44–45; Pyrker 26–27.
19. Der gute schwäbische Fuhrknecht: Dobersberger 45; Pyrker 27–28.
20. Von Ulm nach Wien: Dobersberger 45; Pyrker 28–29.

C. Im Stift Lilienfeld

21. Der Eintritt ins Kloster: Dobersberger 45–49; Pyrker 29–32.
22. Ausbildung im alpinen Kloster Lilienfeld und in St. Pölten: Dobersberger 56–66; Pyrker 35–36.
23. Die Legende von der algerischen Sklaverei: Dobersberger 46–49; Pyrker 22. 31. 33. 36–37.
24. Der Waldmeister, Naturliebhaber und Jäger: Dobersberger 71–72; Pyrker 38. 42. 146–147.
25. Entdecker einer Quelle am Berg: Pyrker 76–77.
26. Der lebensgefährliche Ausritt: Pyrker 38–40.
27. Die Leidenschaft für das Dichten und Schreiben: Pyrker 40–41.
28. Der Retter vom Markt Türnitz: Dobersberger 90–91; Pyrker 45.
29. Der Mord an zwei Franzosen: Dobersberger 91; Pyrker 48–49.
30. Intervention gegen die Einquartierung Tausender französischer Soldaten: Pyrker 51–53.
31. Die Brandkatastrophe im Stift Lilienfeld: Dobersberger 100–106; Pyrker 54–55.
32. Der neue Abt: Dobersberger 107–111; Müller: Geschichtlicher Abriss 204–214; Müller: Profeßbuch 332–337; Pyrker 55–56.
33. Der Besuch des österreichischen Kaisers Franz des Ersten im Stift Lilienfeld: Dobersberger 128; Pyrker 56–57.
34. Augenzeuge der Siegesfeier über Napoleon und vom Wiener Kongress: Dobersberger 123–132; Pyrker 57–59.
35. Bergtour-Gefährte und Freund von Erzherzog Karl und Erzherzog Johann: Dobersberger 80. 121–123. 235. 324–326; Pyrker 61–62.
36. Der Besuch der Kaiserin Marie Louise im Stift Lilienfeld: Dobersberger 133–135; Pyrker 65–71.
37. Erkundung der Ötscherhöhlen: Dobersberger 80; Pyrker 71–75.
38. Der Musikfreund: Bericht (14. Februar 1818) 55; Hanak 43; Oestreichs Prälaturen (24. Juni 1829) 412–413; Wind 132.

39. Im Salon von Caroline Pichler: Dobersberger 111–117. 139. 156. 198–199; Kadrnoska 56–57; Pyrker 87.

40. Bischofsernennung: Dobersberger 166–169; Pyrker 80–81.

41. Abschied von Lilienfeld und Türnitz: Dobersberger 171–172; Pyrker 83–87.

D. Bischof von Zips

42. Bischofsweihe: Dobersberger 173–174; Pyrker 87.

43. Empfang in Zips (Spiš): Dobersberger 176–177; Pyrker 88–89.

44. Die Bereisung der Diözese Zips: Dobersberger 184–185; Pyrker 89–90.

45. Der Besuch von Erzherzog Johann in der Zips: Dobersberger 183–184; Pyrker 90.

46. Der Tod der Mutter: Dobersberger 200; Pyrker 97.

47. Der Gründer der ersten Lehrerbildungsanstalt des Habsburgerreichs: Dobersberger 185–187; Gunčaga – Lang 201–206; Pyrker 90–92.

48. Des Kaisers Idee mit Venedig: Dobersberger 192–194; Pyrker 92–93.

49. Die Weigerung Pyrkers, nach Venedig zu gehen: Dobersberger 194–196; Pyrker 93–94.

E. Patriarch von Venedig

50. Ernennung zum Patriarchen von Venedig: Dobersberger 196–197; Pyrker 95–96.

51. Begegnung mit dem Kaiser in Persenbeug: Dobersberger 198; Pyrker 95–96.

52. Der Unfall: Dobersberger 202–203; Pyrker 97–99.

53. Rekonvaleszent in Budapest und Wien: Dobersberger 203–204; Pyrker 99–100.

54. Der Laibacher Kongress: Dobersberger 206–207; Pyrker 99–100.

55. Empfang und feierlicher Einzug in Venedig: Dobersberger 208–213; Pyrker 100–101.

56. Die Visitation: Bertoli – Tramontin XCI-XCVI. IC-CI. CXVII; Dobersberger 217–221; Pyrker 101–103.

57. Die Einführung der Predigt in Venedig: Bertoli – Tramontin CXI; Dobersberger 221–222; Pyrker 108–109.

58. Der Pater Waldmeister: Busch 31; Maurer 307; Widmayer 53–59.

59. „Er gehört zu uns" („È nostro"): Pyrker 102.

60. Reichtum und Kunst: Pyrker 102–105.

61. Besuch in Mailand und Parma: Dobersberger 225–226; Pyrker 104.

62. Der Brand im Dogenpalast: Dobersberger 222–223; Pyrker 109–111.

63. Vorkehrungen zum Schutz des Dogenpalasts: Dobersberger 223; Pyrker 109–112.

64. Patriarch Pyrker und Antonio Canova: Dobersberger 239–240; Pyrker 188–190. 331.

65. Die Reise nach Rom: Dobersberger 243–252; Pyrker 116–118.

66. Begegnungen mit Papst Pius VII.: Dobersberger 245–247; Pyrker 118–119.

67. Die Begnadigung der Carbonari: Dobersberger 264; Pyrker 125–127.

68. Der Kaiser auf Besuch in Lombardo-Venetien: Dobersberger 267; Pyrker 127–131.

69. Intervention für den Grafen Giorgio Guido Pallavicino-Trivulzio: Pyrker 179–180.

70. Rückerstattung der Güter des Armenfonds: Dobersberger 266. 288; Ellero 50. 55. 65–71; Pyrker 128–132. 141.

71. Das Armenhaus für Priester: Pyrker 137.

72. Patriarch Pyrker und Josef Danhauser: Dobersberger 279–281. 531; Österreichisches Biographisches Lexikon 168–169; Pyrker 319.

73. Die Mätresse von Lord Byron: Dobersberger 283–284; Pyrker 138–140.

74. Der Freihandelshafen: Dobersberger 265–266; Pyrker 130. 132. 244–246.

75. Teichjagd in den Lagunen: Pyrker 146–149.

76. Abschied von Venedig: Bertoli – Tramontin CXVIII. CXX; Pyrker 128. 14. 149–150.

F. Auf Erholungs- und Erkundungsreisen

77. Die Ermöglichung der Kuren in Hofgastein: Dobersberger 150–154. 235–236. 336–342. 374; Pyrker 79–80. 122–123. 155. 161. 166–168. 213.
78. Pyrker und der Dichter Franz Grillparzer: Dobersberger 149–165. 256; Pyrker 80.
79. Pyrker und der Komponist Franz Schubert: Dobersberger 199.216. 252. 271–272; Maier 332–353.
80. Die lang ersehnte Anerkennung Pyrkers durch Goethe: Pyrker 252–259. 327–329; Dobersberger 192. 227–229. 358–360.
81. Die große Reise: Dobersberger 426–441; Pyrker 172–200.

G. Patriarch-Erzbischof von Erlau

82. Einzug in Erlau und Visitation: Dobersberger 302–306. 330–333; Pyrker 152–155.
83. Der Kalvarienberg, das Minarett und die Lehrerbildungsanstalt von Erlau: Dobersberger 312–314; Pyrker 150–152; https://visiteger.com/de/sehenswurdigkeiten/alle/burg-von-eger (Letzter Zugriff: 2. November 2021)
84. Die Weihe der Kapelle im Brandhof von Erzherzog Johann: Dobersberger 322–330; Pyrker 154.
85. Die Krönung des Thronfolgers Ferdinand: Dobersberger 346–348; Pyrker 155–156.
86. Die neue Kathedralkirche in Erlau: Dobersberger 333–336. 415–425; Mussbacher 9–15; Pyrker 156–158. 171–172. 319.
87. Die Kathedrale von Gran: Dobersberger 529–536.
88. Die Cholera und das geheimnisvolle Hausmittel: Dobersberger 353–360; Pyrker 158–161.
89. Abschied von Napoleon dem Zweiten: Dobersberger 371–372; Pyrker 162–164.
90. Schwierigkeiten bei der Wahl der Beamten im Komitat Erlau: Dobersberger 385–387; Pyrker 165–166.
91. Die Gründung des ungarischen Nationalmuseums: Dobersberger 407–408; Pyrker 170–171.

92. Stiftungen für das Militär und für soziale Zwecke: Dobersberger 374. 427. 458–459. 480–481. 484–485; Pyrker 179. 216; Tobner 468.

93. Die Gründung der österreichischen Akademie der Wissenschaften: Dobersberger 564–569.

H. Abschied für immer

94. Ein letzter Besuch in Venedig: Bertoli – Tramontin CXIX; Pyrker 188. 193.

95. Bleibende Verbindung mit Lilienfeld und Türnitz: Maurer 308. 312; Pyrker 216–218. 262; Tobner 463. 466.

96. Die vorzeitige Nachricht von Pyrkers Tod: Dobersberger 571–572; Pyrker 228. 232–233.

97. Letzte Feiern in Erlau und Hofgastein: Dobersberger 573–574. 581–582; Pyrker 234.

98. Das Sterben: Dobersberger 550. 584–588.

99. as Begräbnis: Bembo 440; Dobersberger 584–588; Pyrker 230. 343–345.

100. Die Auferstehungkapelle: Tobner 467.

Literaturverzeichnis

Bembo P.: *Funerali celebrati in Venezia al già Patriarca Ladislao Pirker*, in: *L'Amico Cattolico* 7 (1847), Num. XXIV, 440.

Bericht über den Musikzustand des Stiftes Lilienfeld in Österreich unter der Enns, in: *Allgemeine Musikalische Zeitung* 7 (14. Februar 1818) 53–56.

Bertoli Bruno – Tramontin Silvio, *La visita pastorale di Giovanni Ladislao Pyrker nella diocesi di Venezia* (1821) (Thesaurus ecclesiarum Italiae Recentioris Aevi III,5; Roma 1971).

Busch Eduard: *Ladislaus Pyrker*, in: *Lilienfelder Heimatkunde. Geschichts-, Landschafts- und Lebensbilder aus dem oberen Traisengebiete und seiner Nachbarschaft* (Lilienfeld 1912), 29–32.

Dobersberger Roland: *Johann Ladislaus Pyrker. 1772–1847. Dichter und Kirchenfürst* (St. Pölten – Wien 1997).

Ellero Giuseppe: *Patrio Amore e Fuoco di Carità, L'assistenza pubblica a Venezia dopo il 1797* (Venezia 2020).

Hanak Bernhard: *Musikgeschichte des Stiftes Lilienfeld* (Dissertation an der Universität für Musik und darstellende Kunst Wien; Wien 2003).

Gunčaga Ján – Lang Ladislav: *Lehrerbildungsanstalten in Zipser Kapitel und Eger – ihre Bedeutung für Lehramtsstudium und Schulmathematik*, in: *Kultúrne dejiny. Cultural History* 8 (2017) 200–212.

Kadrnoska F.: *Pichler Karoline*, in: *Österreichisches Biographisches Lexikon* 8 (Wien 1983) 56–57.

Maier Michael: *Franz Schuberts „Gasteiner Lieder" op. 79 nach Texten des Patriarchen von Venedig, Ladislaus Pyrker*, in: *Archiv für Musikwissenschaft* 55 (1998) 332–353.

Maurer Pius: *Die Mönche von Lilienfeld und die Alpen*, in: *Campililiensia. Geschichte, Kunst und Kultur des Zisterzienserstiftes Lilienfeld* (Lilienfeld 2015) 300–312.

Müller Eugen: *Geschichtlicher Abriss des Stiftes Lilienfeld seit 1700. Mit besonderer Berücksichtigung äußerer Einflüsse auf das Leben im Konvent* (Lilienfeld 1979).

Müller Eugen: *Profeßbuch des Zisterzienserstiftes Lilienfeld* (Studien und Mitteilungen zur Geschichte des Benediktinerordens und seiner Zweige, 38. Ergänzungsband; St. Ottilien 1996).

Mussbacher Norbert: *150-Jahr-Jubiläum der Kathedrale von Erlau in Ungarn*, in: *Waldmark. Heimatkundliche Beilage zum Amtsblatt der Bezirkshauptmannschaft Lilienfeld*, Jahrgang 1987, Nr. 1 (20. Juli 1987) 9–15.

Österreichisches Biographisches Lexikon 1815–1950, Band I, hrsg. v. Leo Santifaller (Graz–Köln 1957).

Oestreichs Prälaturen. Fragmente aus einem Reise-Journal, in: *Allgemeine Musikalische Zeitung* 23 (10. Juni 1829) 373–378 und 25 (24. Juni 1829) 412–419.

Pyrker Johann Ladislaus: *Mein Leben. 1772–1847*, hrsg. v. Aladar Paul Czigler (Fontes Rerum Austriacarum, I. Abteilung: Scriptores, 10. Band; Wien 1966)

Tobner Paul: *Lilienfeld. 1202–1902. Zur Erinnerung an die Feier 700jährigen Jubiläums dieses Cistercienserstiftes* (Wien 1902).

Widmayer Bartholomäus: *Maiglöckchen und Astern. Heitere und ernste Erzählungen aus dem Leben* (Lilienfeld 1904).

Wind Laurenz Walter: *Das Sängerknabeninstitut zu Lilienfeld* (Diplomarbeit an der Theologischen Fakultät der Universität Wien; Lilienfeld 1978).

„Der Buchrücken zeigt Patriarch Johann Ladislaus Pyrker in einer Gondel von Venedig (Kap. 56)"